西安石油大学优秀学术著作出版基金资助

声波测井仪器智能调试诊断技术

郝小龙　鞠晓东　著

图书在版编目（CIP）数据

声波测井仪器智能调试诊断技术/郝小龙，鞠晓东著．—北京：中国石化出版社，2020.6
ISBN 978-7-5114-5860-5

Ⅰ.①声… Ⅱ.①郝…②鞠… Ⅲ.①声波测井仪－调试方法 Ⅳ.①TH763.1

中国版本图书馆 CIP 数据核字（2020）第 102927 号

未经本社书面授权，本书任何部分不得被复制、抄袭，或者以任何形式或任何方式传播。版权所有，侵权必究。

中国石化出版社出版发行

地址：北京市东城区安定门外大街 58 号
邮编：100011　电话：(010)57512500
发行部电话：(010)57512575
http://www.sinopec-press.com
E-mail:press@sinopec.com
北京富泰印刷有限责任公司印刷
全国各地新华书店经销

*

710×1000 毫米 16 开本 9 印张 182 千字
2021 年 1 月第 1 版　2021 年 1 月第 1 次印刷
定价：74.00 元

前　言

测井技术是油气勘探的"眼睛"，声波测井是一种重要的测井方法。随着测井技术研究的不断深入，大规模复杂的阵列传感器和机电一体化的设计使得声波测井仪器的系统规模和复杂性大大增加。仅依靠传统的仪器仪表，无法进行高效的调试和故障诊断工作，必须设计专门的设备和工艺，以提高调试诊断工作的质量和效率。本书旨在总结声波测井仪器智能调试诊断技术的关键问题和发展状况，为更好地发展测井仪器智能调试诊断技术提供帮助。

本书是作者读博和工作期间参与方位远探测声波测井和随钻声波测井仪器及其调试诊断系统科研项目所取得成果的浓缩，融合了中国石油大学（北京）声波测井实验室多年来在声波测井仪器及其调试台架方面取得的成果。本书包含了大量的实际仪器设计资料，以及实验测试、现场应用和故障实例，实践性和应用性较强。本书主要面向石油测井仪器装备领域从事研发、生产、使用与维修等工作的相关从业者。与此同时，本书中的调试诊断方法、系统和工艺可以为仪器仪表、设备故障诊断等行业的从业者提供参考。

本书第 1 章为绪论，第 2 章提炼了仪器整个生命周期中的调试诊断需求，第 3 章介绍了基于故障树和数据驱动等多种方法、多种信息融合的声波测井仪器调试诊断策略，第 4 章介绍了基于嵌入式技术的智能调试诊断系统的整体设计方案，第 5 章详细介绍了各个底层功能模块的设计方法，第 6 章介绍了如何使用底层功能模块形成系统、短节、电路板和元器件这四个级别不同用途的调试诊断接口，第 7 章介绍了调试诊断工艺及调试诊断系统在声波测井仪器组装和维修中的应用实例。

第 1～3 章和第 5～7 章由西安石油大学郝小龙撰写，第 4 章由中国石油大学（北京）鞠晓东教授撰写，全书由郝小龙统稿。

本书所涉及内容的研究工作主要在油气钻井技术国家工程实验室井下测控研究室和中国石油大学（北京）声波测井实验室完成，相关科研工作得到了国家自然科学基金项目（51874238、41904112）、中国科学院战略性先导科技专项（XDA14030103）和陕西省自然科学基础研究计划项目（2019JQ-812）的支持。本书的出版过程得到了"西安石油大学优秀学术著作出版基金"的资助，在此表示衷心感谢。

由于作者水平有限，书中难免存在缺点和不足，恳请读者批评指正。

目　　录

第1章　绪　论 ……………………………………………………（ 1 ）

　第1节　测井技术及其发展概况 ………………………………（ 1 ）
　第2节　声波测井及其发展概况 ………………………………（ 2 ）
　第3节　发展声波测井仪器调试诊断技术的意义 ……………（ 5 ）
　第4节　声波测井仪器调试诊断技术的发展现状 ……………（ 7 ）
　参考文献 …………………………………………………………（ 8 ）

第2章　声波测井仪器及其调试诊断需求 ……………………（12）

　第1节　声波测井仪器的组成结构 ……………………………（12）
　第2节　声波测井仪器的工作原理 ……………………………（19）
　第3节　声波测井仪器的调试诊断需求 ………………………（23）
　参考文献 …………………………………………………………（24）

第3章　声波测井仪器的调试诊断策略 ………………………（26）

　第1节　调试诊断技术概述 ……………………………………（26）
　第2节　定性调试诊断方法 ……………………………………（28）
　第3节　定量故障诊断方法 ……………………………………（32）
　第4节　声波测井仪器智能调试诊断方法 ……………………（41）
　参考文献 …………………………………………………………（45）

第4章　调试诊断系统的整体设计 ……………………………（48）

　第1节　调试诊断系统的软硬件需求分析 ……………………（48）

第 2 节　系统整体设计 …………………………………………（49）
第 3 节　嵌入式前端机设计 ……………………………………（50）
第 4 节　上位机软件设计 ………………………………………（59）
参考文献 …………………………………………………………（67）

第 5 章　调试诊断系统的功能模块设计 ……………………（68）

第 1 节　功能模块的控制器选择 ………………………………（68）
第 2 节　井下通信总线模块设计 ………………………………（69）
第 3 节　测试信号发生器和数据采集模块设计 ………………（84）
第 4 节　特殊元器件测试模块设计 ……………………………（91）
第 5 节　电源管理模块设计 ……………………………………（98）
参考文献 ………………………………………………………（100）

第 6 章　调试诊断系统的接口设计 …………………………（102）

第 1 节　不同级别的调试诊断接口 ……………………………（102）
第 2 节　调试诊断系统的扩展人机交互接口设计 ……………（111）
参考文献 ………………………………………………………（114）

第 7 章　调试诊断工艺与实例 ………………………………（115）

第 1 节　调试诊断工艺 …………………………………………（115）
第 2 节　调试诊断系统在仪器组装和升级过程中的应用 ……（117）
第 3 节　诊断系统在仪器维修过程中的应用 …………………（131）
参考文献 ………………………………………………………（138）

第1章 绪 论

测井是油气勘探的"眼睛",声波测井是一种重要的测井方法。测井仪器是进行数据采集,连接测井方法和测井解释与应用之间的桥梁。调试和诊断是贯穿测井仪器的整个生命周期的重要工作。本章从测井技术的发展概况出发,重点介绍了声波测井技术的基本原理、主要应用和发展趋势,发展声波测井仪器调试诊断技术的意义以及该技术的发展现状。

第1节 测井技术及其发展概况

测井是利用各种仪器,测量井下地层的各种物理参数和井眼的技术状况,以解决地质和工程问题的地球物理勘探方法。该技术能够对地层进行岩性、储油物性和含油性等方面的精细评价。在此基础上,测井技术可以应用到随钻地质导向、二次采油等石油工程中,以实现安全钻井、提高油气采收率等目的。随着勘探目标的日益复杂和油田降本增效的驱动,测井技术必将在油气勘探开发中发挥更重要的作用。

随着测井理论的不断发展和完善,目前已形成电、声和放射性三大类测井方法,可以对裸眼井、套管井和随钻井进行测井作业。得益于电子、计算机、材料和通信等技术的不断进步,测井系统从早期的模拟测井阶段发展到了如今的成像测井阶段。该阶段的显著特征是下井仪器使用阵列化的传感器,大大提高了地层评价的精细程度。成像测井系统主要由井下仪器、地面系统和处理解释软件三部分组成。阵列化成像测井井下仪器的主要代表是"三电两声一核磁",即微电阻率扫描成像测井仪(FMS、FMI、MCI等)、阵列感应测井仪(AIT、HIDL、MIT等)、阵列侧向测井仪(ARI、HAL等)、交叉偶极阵列声波测井仪(DSI、XMAC、MPAL等)、超声波井周成像测井仪(CBIL、USI、MUST等)、核磁共振成像测井仪（CMR、MRT等）。经过多年的努力，国内的测井技术得到了快速发展，拥有了一批自主知识产权的测井技术与装备，缩短了与国外先进水平的差距，但仍处于跟随与并行为主的状态。

面对日益严峻的能源形势，面对安全环保、降本增效等企业需求，测井技术有望在以下几个方面取得重大突破：

（1）高精度多维成像测井技术。发展更大范围、更高精度的多维测井，尤其是方位远探测测井，填充常规测井与地震勘探在探测深度和分辨率上的空白，为储层评价提供具有"显微镜、望远镜"功能的测井技术，从而更好地为储层改造、提高采收率服务，是测井技术发展的一大潜力方向。

（2）随钻和过套管测井技术。加快发展随钻远探测或者近钻头前探成像测井技术进行油藏探测，并将该技术与旋转导向钻井技术紧密结合，进行水平井地质导向钻井，有助于提高储层的钻遇率，从而提高开采效率。与此同时，发展过套管测井技术，不仅可以解决复杂井况下电缆测井无法作业的难题，而且有助于进一步挖掘老旧生产井的开采潜力。

（3）复杂和非常规油气藏测井技术。发展碳酸盐岩、低孔隙度、低渗透率、低饱和度、致密、深层等各种复杂油气藏，页岩气、页岩油、煤层气、可燃冰等非常规油气藏的测井技术与装备，对降低常规油气的能源占比、缓解国家能源紧张的局势有着重要的战略意义。

（4）智能化测井处理与解释。依托目前大力发展的"大数据""互联网+""人工智能"等新技术，建立地质、钻井、物探和测井作业的一体化大数据中心，使用基于互联网的交互方式，探索基于云计算的人工智能处理方法，从而开发具有自主学习能力的智能化处理解释平台，这是测井综合解释发展的一个重要趋势。

第2节 声波测井及其发展概况

声波测井是通过测量井壁或者井旁介质的声学性质来判断地层的地质特性及井眼工程状况的一类测井方法。图1-1是硬地层中裸眼井声波测井的示意图。从发射器（T）出来的声波信号以不同波型和不同的传播路径先后到达接收器（R），进而被仪器的电子系统以全波列波形数据的形式采集并上传到地面。全波列中的波型主要有井孔模式波和远场反射波两类，它们基于不同的测井原理并需要不同的数据处理方法。井孔模式波包含滑行纵波（P）、滑行横波（S）和斯通利波（ST）等波型，主要反映井筒附近地层的声速和声衰减等声学性质。远场反射波利用声反射原理来探测井旁几米以及更远范围内的裂缝和断层等地质构造信息。

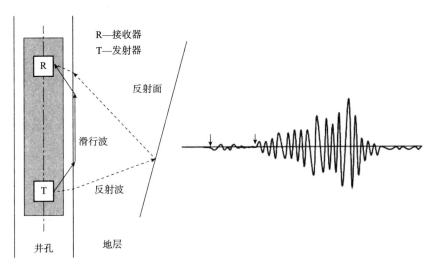

图1-1　硬地层中裸眼井声波测井的示意图

声波测井主要应用于以下3个方面：

（1）储层评价。声波测井可以用来确定地层岩性，识别油气层，计算地层的孔隙度、饱和度和渗透率等物性参数，描述地层的各向异性和井旁地质构造，为储层的精细评价服务。

（2）确定石油工程参数。声波测井可以为钻井和采油工程提供岩石弹性参数、地层压力和出砂指数等重要参数，评价固井质量、岩石破裂压力和裂缝形态，为安全钻井和提高采收率服务。

（3）地震标定。利用声波测井得到的"深度－速度"信息可以合成地震记录，作为地震勘探的"刻度尺"。这是高分辨率测井与大范围地震两种石油勘探手段优势互补的桥梁。

为了使声波测井具有更好的辐射覆盖性、方位灵敏度和实际应用价值，研究者们在声波测井基础理论、仪器研发和数据处理方法等方面进行了大量的工作，先后形成了声速测井、声幅测井、全波列声波测井、井下声波电视、多极子声波测井、方位阵列声波测井、反射波远探测声波测井、随钻声波测井、过套管声波测井等声波测井技术。各种声波测井技术的标志性变化和主要应用见表1-1。

表1-1 各种声波测井技术的标志性变化及主要应用

声波测井技术	标志性变化	主要应用
声速测井	双发双收进行井眼补偿	确定岩性、孔隙度，识别气层和裂缝，合成地震记录，确定地层压力
声幅测井	利用声波幅度信息	固井质量评价
全波列测井	源距变长，利用的信息变多	岩性分析、孔隙度计算，探测气层和裂缝带，岩石力学性质分析
井下声波电视	声反射、自发自收	井壁成像
多极子声波测井	偶极子和四极子发射器	软地层测井，各向异性评价
方位阵列声波测井	阵列化、方位接收	三维测井，评价方位各向异性
反射波远探测测井	利用声反射原理进行大距离勘探	探测井旁地质构造
随钻声波测井	钻井的同时进行测井	预测地层压力并指导钻井
过套管声波测井	双源反激	胶结不好情况下的套管测井

总体来说，声波测井技术的发展趋势可以概括为以下3个方面：

第一，新方法的不断出现。为了更好地反映地层信息，声波测井的种类越来越多，采集的数据中有效的信息也更加丰富。声波测井由早期只利用滑行纵波的信息转变为充分使用全波列的测井信息，由单极子测井发展到偶极子弯曲波、四极子挠曲波等多极子声波测井，由井孔附近测井发展到井旁反射波远探测声波测井进而填补了地震勘探和常规声波测井方法在探测深度和分辨率之间的空白。此外，基于声电效应的测井新方法正在研究中。

第二，仪器的升级换代。随着新方法和新技术的发展，声波测井仪器越来越复杂，功能也更加综合化。在声源方面，发射换能器从单极子对称声源向多极子非对称声源发展，从而激发出不同频率的声波信号并向地层辐射不同指向性的声场。线性组合阵和相控圆弧阵等技术的应用，极大地改善了声源的定向辐射特性，使声源向地层中辐射的有效能量大大提高。发射声系逐渐集成单极子、偶极子和四极子声源等工作模式，使仪器能够同时利用挠曲波、弯曲波等多种声波在地层中传播的特征进行测井，增强声波测井的环境适应性，减少测井解释评价的不确定性。在声波信号接收方面，接收声系由单极子接收方式逐步升级为多极子、阵列化、方位接收声系。方位阵列接收声系由许多个分布在仪器周向和轴向上的接收换能器构成，可以实现不同方位、不同源距和不同间距条件下的声波信号接收并进行对比验证和阵列化成像，以此来增加仪器成像的分辨率和可靠性，提高仪器的三维探测特性。仪器的模块化和有源集成化程度越来越高，井下控制总线和数据传输总线的速度和稳定性也大大提升。最新的远探测阵列声波测井仪器的数据量很大，严重影响到了现场测井效率，因此全部数据在井下存储而只实时上传部分抽查数据的工作方式被仪器采用以提高测井速度。此外，仪器中使用的电子元器件的数字化集成度、精度、耐温特性、稳定性、抗干扰能力等各项性能都有了大幅度提高，进而极大地增强了仪器对微弱信号的准确采集能力。

第三，应用范围的拓展。声波测井最早用于地震标定中，随后开始用于储层描述、固井质量评价、套管损伤检测、地层应力预测等石油工程领域。目前大力发展的方位远探测反射声波测井主要用于识别井旁大范围内的裂缝、孔洞等地质构造，描述地层的横向变化，深入开展储层的三维精细评价。与此同时，各种声波测井方法的应用环境由裸眼井逐渐向随钻条件发展，在薄层水平井、大斜度井等特殊钻井环境中进行随钻压力预测以及地质导向。双源反激技术能够很好地压制套管波和钻铤波，对套管外的地层进行测井，从而更好地为老井改造和二次开采服务。

第3节 发展声波测井仪器调试诊断技术的意义

测井仪器是进行地层信息采集的工具，是连接测井方法和测井解释与应用的桥梁。声波测井仪器一般由主控短节、接收声系、隔声体和发射声系4个部分组成。随着成像测井阶段的不断深入，大规模复杂的阵列传感器和机电一体化的设计使得声波测井仪器系统的规模和复杂性大大增加，仪器的各项技术指标也提升不少。大多数测井仪器的研发者、生产者、使用者和维修者在人员、空间和时间上的交集不大，他们对仪器内部结构的熟悉程度也不同。这些情况给仪器研发、生产和维修过程中的调试诊断带来了很大的工作量和工作难度。不借助于专门的设备，仅依靠传统的仪表，无法高效地进行更深层次和更多阶段的故障诊断。因此，必须设计专门的设备和检测工艺，以提高调试诊断的工作质量和工作效率。

声波测井仪器开发者在推出新仪器的同时，设计相应的智能调试诊断设备，有以下3个方面的意义：

第一，提高工作效率。仪器的生命周期主要包含样机研发、生产、使用、维修和弃用几个过程。调试和诊断贯穿于仪器的整个生命周期，也是非常繁重的工作。调试诊断的基本方法是提供输入并检测输出的正确性。利用专用的调试诊断系统，可以很方便地为仪器的各个被调试模块提供所需的输入并检测该模块的输出，从而高效地完成调试与诊断工作。

第二，提高调试工艺水平，保证仪器质量。声波测井仪器一般工作在高温、高压、强震动的井下环境中，它出现的局部故障会影响测井质量，而全局性故障会导致测井失败。图1-2所示为仪器采集通道发生局部故障的现象。该故障发生在接收声系第6站的第5通道和第6通道，属于局部故障，这会影响阵列化方位数据的成像质量。仪器中电源模块或者总线通信模块等处的故障会直接导致无法进行测井。因此，制造稳定、可靠的仪器是测井领域很关键的环节。使用专用的调试诊断系统，可以在仪器制造的不同阶段进行由部分到整体的各工序检测，包括高温老化筛选电子元器件、水池测试换能器的一致性、电路板焊接的正确性、各个短节的功能完整性等，从而保证整个仪器的稳定性和可靠性。此外，在工房内的测前检查也有助于保证仪器质量，提高测井成功率。

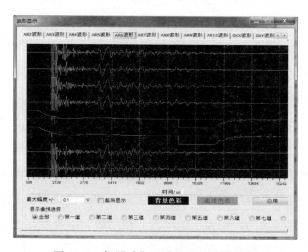

图1-2 仪器采集通道的局部故障现象

第三，提升产品竞争力。仪器本身的质量和售后服务是影响仪器市场竞争力的关键因素。维修是产品售后服务的重要内容，故障诊断是高效维修的关键。仪器开发者为仪器配套相应的便携式调试诊断系统，有助于提高维修的现场化和专业化。当仪器出现故障时，用户可以在专用调试诊断设备的帮助下，在现场和工房环境下对仪器进行由整体到局部的快速诊断，从而定位故障位置并完成维修。整个维修过程不需要仪器返厂，也不需要生产厂家去维修现场。这在测井市场全球化的大趋势下，可以大大降低仪器维修的时间和成本，是非常有意义的。

本书在分析声波测井仪器结构和功能的基础上，梳理了仪器的调试诊断需求，设计了一种专门的调试诊断系统，开发了相应的调试诊断策略，能够在声波测井仪器的整个生命周期内对其进行不同级别的调试与诊断，从而提高工作效率，保证仪器质量，提升产品竞争力。

第4节　声波测井仪器调试诊断技术的发展现状

测井仪器的调试诊断设备与仪器的功能结构、电子系统和通信协议等密切相关，可以说是井下仪器的地面延伸。各个厂家的测井仪器和服务方式不尽相同，因此调试诊断设备的专用性很强。受此影响，声波测井仪器的调试诊断技术呈现出几种方式并行的现状。

Schlumberger 和 Baker Atlas 等国际知名测井公司不出卖主流仪器，只提供相关服务。它们有着专门的队伍进行仪器的组装、现场服务和维护作业。虽然这有利于核心技术的保密，但是这种一条龙服务的方式不适用于普通的仪器研发团队，也不利于油气公司的降本增效。

多数测井公司的仪器维修人员在多年维修工作中，记录了各种仪器的常见故障现象和对应的维修方法。他们主要基于仪器故障的现场情况，对仪器进行重测试以再现故障现象，通过替换法（替换某个短节或者电路板等）、局部变温法、短路法等手段进一步定位仪器的故障位置。这种方案一般需要配套的地面系统和遥传短节才能完成调试诊断。该方法操作复杂、占用资源多，只能大概确定仪器的故障位置并处理一些单一的故障。该方法严重依赖维修人员的水平，诊断效率低，对新仪器研发、生产组装过程中的调试诊断帮助不大。

部分仪器研发者在研发过程中，设计了一些调试工装以提高工作效率。孙东利等人设计了电子模拟声系、仪器总线接口，可以分别对多通道采集电子线路、井下仪器串进行调试。但是，这些方案只能对仪器进行部分调试，调试的全面性和层次性较差。涂文荣等人基于仪器的工作原理和协议，模拟了井下仪器及其通信总线的工作环境，可以对电缆通信系统、井下仪器节点等进行检测，增强了系统的故障诊断能力和效率。但是，他们设计的诊断系统不方便进行功能扩展和升级，诊断能力有限，通用性较差。

中国石油大学（北京）声波测井实验室在进行声波测井仪器研发的同时，对辅助仪器开发的相关设备也进行了多年研究，形成了特色的"调试台架"技术。他们提出了一种基于以太网互联和嵌入式技术的主从式调试系统，代替测井地面系统和遥传短节以及其他短节的相应功能，对仪器的不同部位进行快速、便捷的检测。采用该方案，他们展开了多极子阵列声波测井仪、方位水泥胶结测井仪、阵列感应测井仪等仪器的调试台架研发工作，并取得了很大进展。该调试诊断系统具有模块化程度高、可扩展性强等优点，但是该系统的故障诊断策略和调试工艺，尤其是诊断的智能化和对仪器的通用性等方面，有待进一步完善。

此外，针对现场缺少专业维修人员的问题，张洙津等人建议构建测井仪器故障诊断的专家系统，使用所有仪器的故障历史记录来帮助维修者及时准确地排除仪器的故障，保证生产的正常进行。Elias Temer 等人提出，将物联网技术和基于机器学习的智能诊断方法用于石油井下仪器的预测性维修中，有望避免传统计划维修的过剩问题。在大数据中心的远程指导下进行维修，这是在测井市场服务全球化大趋势下，仪器调试诊断技术的重要发展方向。

参考文献

[1] 洪有密. 测井原理与综合解释 [M]. 东营：石油大学出版社，1993：1－28.

[2] 吴鹏程，陈一健，杨琳. 成像测井技术研究现状及应用 [J]. 天然气勘探与开发，2007，30（2）：36－41.

[3] Chiu S K, Stein J A, Howell J, et al. Validate target-oriented VVAZ with formation microimaging logs [C]. The 2012 SEG Annual Meeting, Las Vegas, 2012.

[4] Baker Hughes. Nautilus Ultra XMAC F1. pdf [EB/OL]. USA：Baker Hughes, https：//www. bhge. com/sites/default/files/2018－08/nautilus-ultra-xmac-f1-slsh. pdf.

[5] Xiao L, Mao Z Q, Li G R, et al. Calculation of Porosity from Nuclear Magnetic Resonance and Conventional Logs in Gas-Bearing Reservoirs [J]. Acta Geophysica, 2012, 60（4）：1030－1042.

[6] 汤天知. EILog 测井系统技术现状与发展思路 [J]. 测井技术，2007，31（2）：99－102.

[7] 张向林,刘新茹,刘向汉.中国测井技术的发展方向[J].吐哈油气,2008,13(1):71-82.

[8] 路保平,倪卫宁.高精度随钻成像测井关键技术[J].石油钻探技术,2019,49(3):148-155.

[9] Gao J S, Jiang L M, Liu Y P, et al. Review and analysis on the development and applications of electrical imaging logging in oil-based mud[J]. Journal of Applied Geophysics, 2019, 171, https://doi.org/10.1016/j.jappgeo.2019.103872.

[10] 张海波,窦修荣,王志国,等.国外随钻成像技术研究进展及展望[J].国外测井技术,2019,40(5):28-33.

[11] 唐晓明,苏远大,张博.过套管声波测井技术新进展[J].测井技术,2016,40(4):387-391.

[12] Luca O, Isabelle D, Roel V O, et al. New azimuthal resistivity and high-resolution imager facilitates formation evaluation and well placement of horizontal slim borehole[C]. SPWLA 52nd Annual Logging Symposium, Colorado Springs, May 14-18, 2011.

[13] 成志刚,柴细元,邹辉,等.地层评价与测井技术新进展——第55届SPWLA年会综述[J].测井技术,2014,38(6):645-651.

[14] 陈欢庆,胡海燕,李文青,等.复杂岩性油藏精细描述研究进展[J].地球科学与环境学报,2020,42(1):1-21.

[15] 赵军龙,巩泽文,李甘,等.碳酸盐岩裂缝性储层测井识别及评价技术综述与展望[J].地球物理学进展,2012,27(2):537-547.

[16] 郝建飞,周灿灿,李霞,等.页岩气地球物理测井评价综述[J].地球物理学进展,2012,27(4):1624-1632.

[17] 范宜仁,朱学娟.天然气水合物储层测井响应与评价方法综述[J].测井技术,2011,35(2):104-111.

[18] Temer E, Pehl H J. Moving Toward Smart Monitoring and Predictive Maintenance of Downhole Tools Using the Industrial Internet of Things IIoT[C]. In Proceedings of the Abu Dhabi International Petroleum Exhibition & Conference, Abu Dhabi, UAE, 13-16 November 2017.

[19] 朱卫星,杨玉卿,赵永生,等.测井地震联合反演在地质导向风险控制中的应用[J].石油地球物理勘探,2013,48:181-187.

[20] 程希,程宇雪,程佳豪,等.基于机器学习与大数据技术的地球物理测井系统[J].西安石油大学学报,2019,34(6):108-116.

[21] 王秀明,张海澜,何晓,等.声波测井中的物理问题[J].物理,2011,40(2):79-87.

[22] 乔文孝,鞠晓东,车小花,等.声波测井技术研究进展[J].测井技术,2011,35(1):

14 – 19.

[23] Pistre V, Kinoshita T, Endo T, et al. A modular wireline sonic tool for measurements of 3D (azimuthal, radial and axial) formation acoustic properties [C]. New Orleans, USA, SPWLA 46th Annual Logging Symposium, 2005:26 – 29.

[24] 辛鹏来, 王东, 陈浩, 等. 多极子阵列声波成像测井技术研究 [J]. 应用声学, 2013, 32 (4):237 – 246.

[25] 迟秀荣, 刘瀚檐, 刘竹杰. 远探测声波成像测井的种类及应用实例 [J]. 国外测井技术, 2017, 38 (1):23 – 28.

[26] Lee S Q, Chen M, Gu X H, et al. Application of four-component dipole shear reflection imaging to interpret the geological structure around a deviated well [J]. APPLIED GEOPHYSICS, 2019: http://dx.doi org/10.1007/s11770 – 019 – 0778 – x.

[27] Hirabayashi N, Torii K, Yamamoto H, et al. Fracture detection using Borehole Acoustic Reflection Survey data [C]. SEG Technical Program Extended Abstracts, 2010:523 – 527.

[28] 王华, 陶果, 张绪健. 随钻声波测井研究进展 [J]. 测井技术, 2009, 33 (3):197 – 203.

[29] 唐晓明, 古希浩, 苏远大. 一过套管偶极横波远探测理论与应用 [J]. 中国石油大学学报, 2019, 43 (5):65 – 72.

[30] 鞠晓东, 赵宏林, 卢俊强, 等. 声电测井仪研究 [J]. 测井技术, 2015, 39 (3):323 – 330.

[31] 鞠晓东, 成向阳, 卢俊强, 等. 基于嵌入式架构的测井仪器调试台架系统设计 [J]. 测井技术, 2009, 33 (3):270 – 274.

[32] 孟慧群. 浅析测井仪器常见故障及维修策略 [J]. 技术研究, 2019, 4:91, 98.

[33] 蔺建华, 苟晓峰, 刘胜春, 等. LOGIQ 系统遥测通讯故障分析 [J]. 石油管材与仪器, 2016, 2 (1):60 – 63.

[34] 周春生. ECLIPS – 5700 交叉偶极声波 XMAC – Ⅱ 原理与常见故障分析 [J]. 综述专论, 2017, 11:119 – 120.

[35] 秦玉坤, 段俊东, 肖霓, 等. 多极子阵列声波测井仪故障分析 [J]. 石油仪器, 2011, 25 (6):78 – 80.

[36] 孙东利. 声波测井仪模拟声系的设计 [J]. 国外测井技术, 2015, 209 (5):69 – 71.

[37] 涂文荣, 周志彬, 马文中, 等. 多极子阵列声波测井仪井下电路快速故障诊断的实现 [J]. 石油仪器, 2014, 28 (3):39 – 41.

[38] 刘路扬, 师奕兵, 张伟. 随钻声波测井井下仪器现场维护与保障系统设计 [J]. 测控技术, 2011, 30 (5):68 – 72.

[39] 鲁保平, 秦力, 张秋建. 多功能测井仪器测试台架 [J]. 石油仪器, 2005, 19 (6): 17 - 20.

[40] 门百永, 鞠晓东, 乔文孝, 等. 基于嵌入式架构的阵列感应成像测井仪调试台架设计 [J]. 科学技术与程, 2011, 11 (11): 2450 - 2454.

[41] Lu J Q, Ju X D and Men B Y. An ARM-based debugging system for multipole array acoustic logging tools [J]. Petroleum Science, 2014, 11: 508 - 518.

[42] Zhang K, Ju X D, Lu J Q, et al. A debugging system for azimuthally acoustic logging tools based on modular and hierarchical design ideas [J]. Journal of Geophysics and Engineering, 2016, 13: 430 - 440.

[43] 张洙津, 张永春. 测井仪器故障诊断专家系统的研究 [J]. 中国测试技术, 2003, 9 (5): 28 - 29.

[44] Temer E, Pehl H J. Moving Toward Smart Monitoring and Predictive Maintenance of Downhole Tools Using the Industrial Internet of Things IIoT [C]. The Abu Dhabi International Petroleum Exhibition & Conference, Abu Dhabi, UAE, 2017.

第 2 章 声波测井仪器及其调试诊断需求

需求分析是设计声波测井仪器调试诊断系统的首要工作，也是关键的一步。本章以三维声波测井仪器为例，先介绍仪器的典型组成结构、电子系统及连线情况，然后介绍仪器的工作原理及协议。在此基础上，详述声波测井仪器整个生命周期中需要进行的不同阶段和不同层次的调试诊断需求。

第 1 节 声波测井仪器的组成结构

在三维声波测井仪器中，多个发射探头和接收探头呈轴向阵列化、周向均匀化分布，能够进行井筒附近地层的三维（径向、轴向和周向）探测，是很有前途的测井仪器。裸眼井三维声波测井仪和随钻三维声波测井仪的测井功能相近，但是仪器的组成结构上差异较大。前者各功能模块以短节形式进行连接，模块化程度高，电子系统等级明显。随钻三维声波测井仪中的所有模块均是以分立模式存在的，短节概念不明确。所有换能器和电路板都固定在钻铤上并通过导线连接来实现相应功能。三维声波测井仪的复杂度较高、数据量较大，能够代表声波测井仪器的特征和发展趋势。因此，本书以裸眼井三维声波测井仪为例进行介绍。

1. 仪器整体结构

声波测井仪器串一般包括遥传短节、主控短节、接收声系、隔声体以及发射声系 5 个短节。图 2-1 展示了它们的实物图和工作时自上而下的连接顺序。遥传短节完成井深度、仪器姿态等参数的测量，转发地面下传命令和井下上传数据。主控短节负责与遥传短节进行通信，控制整个声波测井仪器的工作时序。发射声系向地层中辐射声波信号。接收声系采集经过地层传播的声波信号。隔声体通过延迟声传播或者衰减声能量等方式，减小管波对滑行波的干扰。

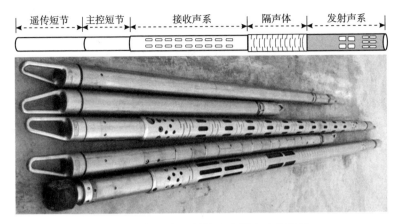

图 2-1 仪器各短节的实物图和连接顺序

图 2-2 所示为仪器各短节之间的连线情况。各个短节通过 31 芯高温承压连接器进行密封和连通,只有部分插针被用作电源线或者信号线,其他的插针可以用于调试。遥传短节一边连接电缆用于与地面进行通信,另一边以 CAN 和 RS485 的双总线形式与主控短节通信。主控短节一方面通过高速同步串行总线(SSB)控制发射声系和接收声系的工作,另一方面产生它们正常工作需要的低压电源。

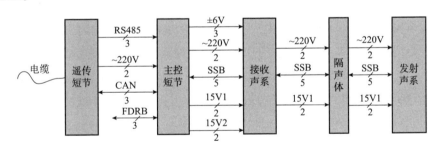

图 2-2 仪器各短节之间的系统连线

2. 主控短节

主控短节是整个仪器的控制枢纽,图 2-3 是其内部框架图,主要包含电源转换模块、主控板以及数据存储模块三部分。

电源转换模块将 220V 交流电经过变压器、整流滤波和稳压操作后,转换成稳定的低压直流电源,给仪器系统供电。其中 1 路 15V 和 ±6V 电源给接收声系供电,而另外一路 15V 给发射声系供电。此外,该模块的输出经过电源调整模块后，可以得到1.2V、1.8V和3.3V等常用低压数字电源，给本地主控板和存储板供电。

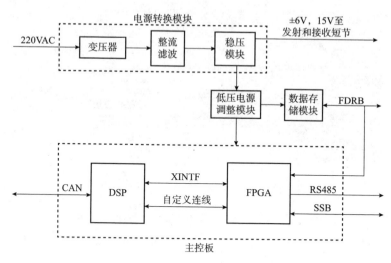

图2-3 主控短节内部框架

图2-4所示是主控板的实物图，它以DSP处理器为控制核心，FPGA以从设备的方式挂接在DSP的XINTF接口上。DSP通过在XINTF接口的相应地址上读写数据来与FPGA进行数据交换。主控板通过CAN总线和RS485总线组成的双总线结构与遥测短节进行通信，其中CAN总线用于下发地面工作命令和进行数据校验结果的交换。RS485总线作为测井数据从主控短节到遥传短节的专用发送通道，大大降低了仪器的工作周期。主控短节通过自定义的SSB总线控制发射声系和接收声系按照工作协议进行激励发射和数据采集。SSB总线控制器是基于FPGA设计的，主控节点位于主控板上，从节点包含5个接收站和1个发射声系。

图2-4 主控板实物图

为了提高该仪器的现场测井速度，仪器主控短节中还增加了数据存储模块。该模块主要由多个大容量、非易失性Flash存储器组成。它既可以在主控板的控制下实时写入采集到的测井数据,也可以使用独立的 Flash 数据读取接口(Flash Data Reading Bus,FDRB)快速读取所有的井下存储数据。仪器以"抽查数据上传+全部存储"方式工作时,测井速度可以从 120m/h 提高到 420m/h,极大地提高了工作效率。

3. 接收声系

接收声系采集经过地层的声波信号用于分析井旁地层的声学性质。接收声系内有 80 个接收换能器以及相应的数据采集通道。80 个接收换能器分为 10 组,每组中的 8 个换能器沿着仪器的周向间隔 45°分布,相邻两组传感器的间距为 0.2m。接收传感器的阵列化和方位化分布有助于采集不同源距和不同方位的声波测井信号进行三维成像。为了进一步提高信噪比和减少仪器长度,新型声波测井仪器将接收传感器和相关电子线路集成到接收声系中,形成有源接收声系。

图 2-5 所示是接收声系的内部框架,共有 5 个采集控制节点,即 CtrlNode_1 到 CtrlNode_5。每个前置模拟板处理同一组中 2 个接收换能器的压电转换信号,进行程控放大以及带通滤波等操作。

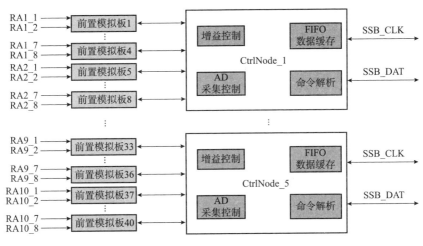

图 2-5 接收声系内部框架

每一个采集控制节点控制 8 个前置模拟板,对应于两组换能器的 16 个声波信号采集通道,如图 2-6 所示。比如,CtrlNode_1 控制 RA1 和 RA2 两组接收器中的 RA1_1~RA1_8 和 RA2_1~RA2_8 这 16 个采集通道。每个采集控制节点以 FPGA 为实现平台,通过 SSB 总线(SSB_CLK、SSB_DAT)先接收主控节点的控制命令并进行解析，然后控制16路数据采集的模拟板增益、AD转换和数据缓存，最后将数据传输到主控节点上。

图2-6 采集控制节点实物图

4. 发射声系

发射声系向井旁地层中辐射不同指向性的声场。根据需要，它可以集成单极子发射换能器阵列、交叉偶极子发射换能器总承、圆弧阵发射换能器以及相应的激励电路。仪器通过对轴向和周向上的换能器阵列进行延时激励，可以改变声场的指向性，实现三维定向辐射的目的。延时激励时间（τ）跟换能器间的距离、仪器的最小源距（S）、预期的探测深度（D）、地层中声波速度（V）等因素有关。在线性相控发射阵中，它们四者之间的关系可以用图2-7和式（2-1）、式（2-2）表示，其中α表示发射偏转角，d为两组发射换能器中心之间的距离。

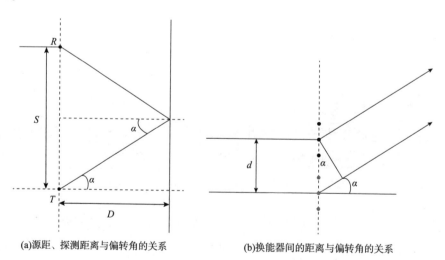

(a)源距、探测距离与偏转角的关系　　(b)换能器间的距离与偏转角的关系

图2-7 线性相控发射阵延时激励时间的影响因素

$$\alpha = \arctan(S/2D) \qquad (2-1)$$
$$\tau = (d \cdot \sin\alpha)/V \qquad (2-2)$$

发射换能器的激励是发射声系的核心部分，图 2-8 是其激励控制的原理图。与接收控制节点相同，发射激励控制器也作为仪器内部控制总线（SSB）的一个从节点，接收并解析主控节点的命令，进行定向声场的激励控制。激励控制的方法是利用 MOS 管的开关特性实现低电压信号控制高电压信号的通断。15V 的外部电源经过调整后，一方面为 FPGA 供电，另一方面为 MOS 管的控制信号提供参考电源。220V 交流电经过变压器升压、整流、滤波和稳压等操作后，成为高压直流信号。发射激励控制器生成 3.3V 的、具有一定脉冲宽度的激励控制信号，它经过电平转换后成为高压方波产生电路中 MOS 管的栅极控制信号。高压方波信号经过脉冲变压器的升压后，形成峰值为几千伏的高压脉冲信号。该信号可以激励单极子或者偶极子换能器工作。

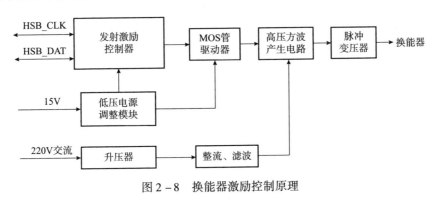

图 2-8　换能器激励控制原理

5. 遥传短节

高精度三维声波测井对仪器测井深度、仪器姿态等信息的准确性要求越来越高，同时对井下数据高速上传到地面也提出了更高要求。因此，新型的专用声波测井遥传短节在声波测井仪器串中扮演更加重要的角色。图 2-9 是遥传短节的内部框图，主要包含自然伽马探测器、仪器姿态测量模块和数据传输模块三个模块。该短节向上通过测井电缆与地面系统连接，向下通过 CAN 和 RS485 的双总线结构与主控短节进行通信。

自然伽马探测器测量井中不同深度处岩石总的自然伽马射线强度，并与自然

GR测井仪器测量的GR曲线进行对比,从而进行仪器的深度对齐和刻度工作,保证声波测井数据与井深数据的对应性。

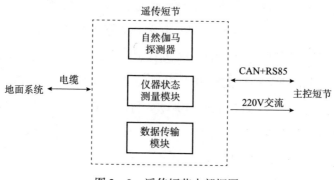

图2-9 遥传短节内部框图

仪器状态测量模块包含两部分:一是井下仪器的供电状态,包括缆头电压和工作电流等参数;二是仪器所处的姿态,包括井斜角、相对方位和方位角等。缆头电压指测井电缆最下端(遥传短节处)的电压,测量该电压值可以随时调整地面的供电电压,保证经过电缆衰减后,井下仪器处的电压也在仪器的正常工作范围内。工作电流的实时监测可以及时发现整个仪器的供电异常并进行处理。比如,在密封差引起仪器进水或者导线破裂导致仪器短路等情况下,工作电流会大大超出正常范围,必须及时切断电源。仪器井斜角、相对方位和方位角的准确性是三维声波测井精准解释的关键影响因素之一。井斜角的测量有助于选择合适的测井解释模型并进行仪器的倾斜校正,相对方位测量的是仪器上的一个参考点(比如方位接收声系中的1号接收换能器)与正北方向之间的水平夹角,可以反映仪器测井时的旋转情况以便采取有效的防转措施。方位角可以在随钻条件下确定井身轨迹。仪器的井斜角、相对方位和方位角可以采用加速度计和磁通门传感器测量并计算得到,其中加速度计测量的是重力场的三个分量而磁通门测量的是3个磁场分量。

数据传输模块的关键部分是遥传短节与地面系统通过数千米电缆的高效通信。目前较先进的是基于正交频分复用技术的高速测井遥传系统,它通过调制和解调、模-数转换、功率驱动等设计,具有全双工通信能力,可提供上行1000 kbps、下行50 kbps的数据传输速率,并具有建立时间短、对不同长度和特性的测井电缆自适应强等特点。

第 2 节　声波测井仪器的工作原理

声波测井仪器的工作原理可以概括为两个方面：硬件上，各个短节通过 CAN、RS485 和 SSB 等总线进行连接；软件上，仪器的整体工作流程、遥传通信和仪器内部控制等协议运行在硬件框架上，保证了仪器的正常工作。前文中介绍了仪器的硬件组成结构，下面主要从软件策略设计方面进一步介绍声波测井仪器的工作原理。

1. 仪器的整体工作流程

图 2 – 10 是声波测井仪器的整体工作流程图。给仪器上电后，各个短节内的主控制器首先进行初始化工作。该过程完成后，主控短节生成特征字，通过 CAN 总线给遥传短节发送请求分配动态 ID 的命令，从而建立二者的通信，进入仪器的工作循环。

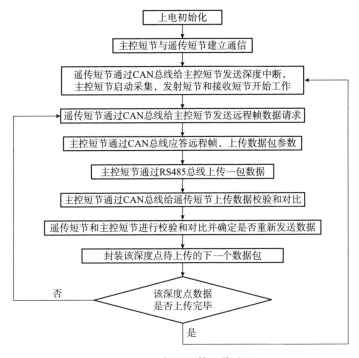

图 2 – 10　仪器整体工作流程

仪器循环工作的流程如下步骤：

（1）当仪器所处深度的变化达到深度间隔时，遥传短节通过CAN总线给主控短节发送深度中断命令，开始新的工作周期。

（2）主控短节收到中断命令后，按照自定义的内部控制协议，启动发射声系和接收声系工作。

（3）在仪器正常发射和接收的同时，主控短节通过CAN和RS485的双总线结构向遥传短节传输上一个工作循环采集到的数据。每一个深度点的数据传输过程由多个数据包的传输组成。每个数据包的传输均由遥传短节通过CAN远程帧发起数据请求，主控短节先后执行以下3个过程：首先，应答该请求并上传数据包的相关参数，包含数据长度、包序号等。然后，通过基于FPGA的RS485快速数据传输通道将数据包发送到遥传短节。最后，通过CAN总线发送该数据包的校验和信息。遥传短节计算收到的数据包的校验和并与收到的校验和进行对比后，向主控短节下发是否需要重传该数据包的命令。

（4）当一个深度点的所有数据发送到遥传短节后，遥传短节不再发出远程帧请求。主控短节也进入等待深度中断命令的状态，准备下一个工作循环。

2. 仪器内部控制协议

仪器内部控制协议运行在仪器内部控制总线上，它规定了仪器的发射声系和接收声系的工作方法，不仅可以控制仪器的正常工作，也支持仪器的常规调试。在发射声系方面，该协议规定了发射源的选择和启用方法，激励脉冲宽度和激励延迟时间的设置定义。通过解析SSB总线的协议命令，发射声系可以选择单极子或者偶极子换能器的某一个或者全部是否工作。在接收声系方面，该协议规定了5个接收站中各个采集通道的采样深度、采样间隔、采集延时时间、上传数据类型以及增益的设置方法。

仪器内部控制协议是以双字数据（32位）按位定义的形式设计的。本书以采集参数设置控制字为例进行说明。表2－1是采集参数设置控制字的位定义，其中B_{30}是奇偶校验位，$B_{29} \sim B_{24}$为节点地址，$B_{23} \sim B_{20}$设置采样间隔，$B_{19} \sim B_{12}$对应采样深度，$B_{11} \sim B_4$控制采集延迟时间。节点地址用于区别并访问不同的接收控制节点。采样间隔指各采集通道两次AD转换之间的时间间隔。采样深度是仪器在一个深度采集点上工作时每个采集通道进行AD转换的次数，也就是每一道声波波形数字化的总点数。采集延时时间指的是接收声系收到同步信号后,启动 AD 转换前需要等待的时间。设置合适的采集延迟时间,可以不记录滑行纵波到达接收器前的大部分无效信号,从而增加测井数据的有用率,增加仪器的探测深度。

表 2–1 采集参数设置控制字的位定义

命令位	状态	功能
B_{31}	0	识别位
B_{30}	X	奇偶校验位
$B_{29} \sim B_{24}$	0x00 ~ 0x3F	节点地址
$B_{23} \sim B_{20}$	0000 ~ 1111	采样间隔 $(X+1) \times 2\mu s = 2 \sim 32\mu s$,缺省值为 $4\mu s$
$B_{19} \sim B_{12}$	00 ~ 9F	采样深度 $(X+1) \times 64$ 字 = 64 ~ 16384 字/通道,缺省值为 1024 字
$B_{11} \sim B_4$	00 ~ FF	采集延迟,$X \times 50\mu s = 0 \sim 12750\mu s$,缺省值为 $1000\mu s$
$B_3 \sim B_0$	全 0	保留

根据采集参数设置控制字,可以估算仪器的测井数据量和探测深度,从而为接收控制节点选择合适的控制芯片,确定最大测井速度。测井数据量可以用"测井数据量"公式进行估算,比如:前述的三维声波测井仪器采用"单极子方位接收 + 交叉偶极子"模式工作、两种模式下采样深度均为 2048 字时,每个控制节点芯片的数据 RAM 至少为 64kB,仪器每个深度点的数据量为 480kB。如果遥传短节以 0.2 m 的深度采样间隔、750kB 的数据上传速度工作,那么仪器的最大测井速度不能超过 140 m/h。因此,仪器实际以"全部数据上传"方式工作时测井速度仅为 120m/h,这也是新型三维声波测井仪器进行"部分数据上传 + 全部数据井下存储"设计的原因。探测深度可以用"探测深度"公式估算,其中 $V_{地层}$ 为声波在不同地层中传播的速度。因此,当仪器在砂岩地层中($V_{地层} \approx 4500 m/s$),以"单极子方位接收"模式、采样深度为 2048 字、采集间隔为 $8\mu s$、采集延时为 $1000\mu s$ 工作时,探测深度大约为 34 m。在此工作条件下,仪器在灰岩地层中的探测深度更大。因此,必须根据探测需求,设置合适的参数,既保证仪器的探测深度和分辨率,又可以节省硬件系统的 RAM 资源。

$$测井数据量 = \sum_{模式1}^{模式n} 采样深度 \times 采集通道数$$

$$探测深度 = (采样深度 \times 采样间隔 + 采集延迟) \times V_{地层} \div 2$$

3. 遥传通信协议

遥传通信协议是地面系统控制声波测井仪器主串（除遥传短节外）正常工作的规定性文件。它是根据仪器内部控制协议编写而成的，是设计地面系统的上位机控制模块、主控短节的协议转换模块的协议接口。

遥传通信协议以 4 字为单位进行设计，它规定了下传命令帧的性质、仪器工作方式的选择、通道增益的设置方式、调试数据的选择方法、接收通道和发射声系的相关参数设置。其中，跟发射声系和接收声系相关的协议需要跟仪器内部控制协议相匹配。表 2-2 是仪器工作和采集参数帧的位定义，其中第 1 字和第 2 字的高字节规定了接收通道的采样间隔、采样深度和采集延迟，与内部控制协议中的定义一致。

表 2-2　仪器工作和采集参数帧的位定义

字序	字节序	定义	备注
0	W0H W0L	bit15，命令有效指示； bit14-12，下传命令帧性质； bit11-8，仪器工作模式； Bit7，通道增益设定方式； Bit6，=1，井下实时时钟复位并启动； Bit5-3，调试数据选择； Bit2，仪器开始工作控制； Bit1-0，=00，保留	主控字
1	W1H W1L	bit15-12，采样间隔，$(X+1) \times 2 \mu s$，缺省值为 $8 \mu s$； bit11-4，采样深度 $(X+1) \times 64$ 字，缺省值为 1024 字； Bit3，单站模式设置； 　=0，禁用单站模式，上传所有数据； 　=1，使能单站模式，上传所有数据； Bit2-0，单站模式使能时，指定上传站 0~4	采集参数设置
2	W2H	采集延迟，$0 \sim 235 \times 50 \mu s = 0 \sim 11,750 \mu s$，缺省值为 $500 \mu s$	
	W2L	全 0，保留	
3	W3H	全 0，保留	
	W3L	命令校验字节	

使用时，用户首先在上位机控制软件中进行相关设置并通过网络发送给地面

系统控制器，地面系统通过测井电缆将协议命令下发到遥传短节，遥传短节通过 CAN 总线发送给主控短节，主控短节将该协议转换成仪器的内部控制协议，然后控制仪器的工作。

第 3 节　声波测井仪器的调试诊断需求

声波测井仪器在整个生命周期的不同阶段需要进行不同级别的调试诊断。调试主要是指在仪器组装过程中，为了保证仪器质量而进行的由部分到整体的调整与测试。诊断主要是在仪器维修的过程中进行的由整体到部分的快速故障检测。本书从仪器设计者的角度，在分析声波测井仪器的基本结构和工作原理的基础上，提炼出了仪器整个生命周期中需要进行的以下测试内容，以完成系统、短节、电路板和元器件这 4 个级别的调试诊断。

1. 系统测试

系统测试是指在将各个短节按照测井顺序连接成一串仪器的情况下，调试诊断系统代替地面系统和遥传短节对仪器串进行整体测试。该测试可以方便仪器研发者和组装者在缺少实际地面系统和遥传短节的情况下进行调试诊断。该级别的测试包含两方面内容：第一，调试诊断系统利用 CAN 和 RS485 双总线遥传接口，检测仪器能否正常发射、接收以及进行数据传输；第二，调试诊断系统通过 Flash 数据读取接口访问仪器内部的 Flash 存储器，检测存储器能否进行正常的存取操作。

2. 短节测试

短节测试是指在不拆卸短节的情况下，对组成仪器的各个短节进行整体测试，判断其能否正常工作。测试时，每个短节两端的 31 芯连接器是所有电源线和信号线的硬件接口。该级别的测试主要应用于电缆声波测井仪器中的遥传短节、主控短节、发射声系和接收声系。遥传短节测试主要判断仪器姿态测量模块、自然伽马探测器、遥传通信模块是否正常。主控短节测试主要判断主控板的 CAN 和 RS485 双总线是否正常，电源调整模块能否对外输出正常的直流低压，SSB 总线的主控节点功能是否正常，数据存储的控制器模块是否正常。接收声系的测试主要是判断接收声系内的各个接收控制节点能否正确地接收 SSB 总线命令，并控制各个采集通道进行正常的信号获取、放大滤波、AD 转换和数据上传等操作。发射声系的测试主要是判断发射声系在供电状态下，能否接收 SSB 总线命令，驱动相应的换能器发出正常的声音。

3. 板级测试

板级测试是判断各个短节中复杂的或者批量使用的电路板能否实现相应的功能。该级别的测试是较深层次和较为具体的调试诊断，组装时可以保证质量，维修时可以避免直接更换电路板。该级别的测试主要针对主控短节中的主控板、接收声系中的前置模拟板和发射声系中的发射控制板，在随钻声波测井仪器中应用更广。主控板测试主要是判断板上基于 DSP 和 FPGA 控制器的相关通信接口（CAN、RS485、SSB 和 FDRB）是否正常。前置模拟板主要测试它们的频谱特性和增益效果，判断各个通道的正常性和一致性。发射控制板主要测试经过电平转换驱动的发射控制逻辑信号组合是否与 SSB 总线命令相符合，MOS 管能否输出正确的脉冲信号。

4. 元器件测试

元器件是构成仪器的最小单元。测井仪器工作在高温环境中（175℃甚至更高），这要求每个元器件都能够在高温条件下稳定工作。因此，对新采购的元器件和某些特殊器件，比如电源稳压模块、换能器、Flash 存储芯片、MOS 管等，在使用前必须进行严格的高温性能测试。

总之，尽管不同级别的调试诊断具有重叠性，但这 4 个级别的调试与诊断可以覆盖仪器从无到有的组装过程，也能满足仪器从整机到基本单元的维修过程。与此同时，在实践过程中的工艺化发展有望进一步保证仪器的组装和维修质量，提高工作效率。

参考文献

[1] 鞠晓东，乔文孝，赵宏林，等. 新一代声波测井仪系统设计 [J]. 测井技术，2012，36 (5)：507–510.

[2] 范晓文,李玉霞,马向军,等. 三维声波测井仪器探索研究[J]. 石油仪器, 2013, 27 (5): 28–31.

[3] 肖红兵,鞠晓东,卢俊强. 随钻声波测井仪控制和数据处理系统设计[J]. 测井技术, 2009, 33 (6): 555–558.

[4] Lu J Q, Ju X D, Cheng X Y. Design of a cross-dipole array acoustic logging tool [J]. Petroleum Science, 2008, 5 (2): 105–109.

[5] 郝小龙,鞠晓东,吴锡令,等. 一种可用于声波测井仪的双总线通信设计[J]. 测控技术, 2016, 35 (3): 104–107.

[6] Men B Y, Ju X D, Lu J Q, et al. A synchronous serial bus for multidimensional array acoustic logging tool [J]. Journal of Geophysics and Engineering, 2016, 13: 974–983.

[7] 余志军,鞠晓东,卢俊强,等. 方位远探测声波测井仪接收声系实验研究[J]. 应用声学, 2017, 36 (1): 88–94.

[8] 冯启宁,鞠晓东,柯式镇,等. 测井仪器原理[M]. 北京: 石油工业出版社, 2010: 202–220.

[9] 卢俊强,鞠晓东,乔文孝,等. 多极子阵列声波测井仪系统设计及现场测试[J]. 科学技术与工程, 2014, 14 (26): 183–187.

[10] Che X H, Qiao W X, Ju X D, et al. An experimental study on azimuthal reception characteristics of acoustic well-logging transducers based on phased-arc arrays [J]. GEOPHYSICS, 79 (3): 197–204.

[11] 门百永,鞠晓东,乔文孝,等. 井下三维声波激励方法[J]. 声学技术, 2013, 32 (5): 390–394.

[12] 车小花,乔文孝,鞠晓东. 相控圆弧阵声波辐射器在井旁地层中产生的声场特征[J]. 石油学报, 2010, 31 (2): 343–346.

[13] 李丰波,陆黄生,李根生,等. 可相控声波高压激励系统设计[J]. 高技术通讯, 2018, 28 (5): 468–471.

[14] 王爱英,秦光友,秦晓红,等. EILog–05遥传伽马短节故障处理实例[J]. 石油仪器, 2010, 24 (5): 94–96.

[15] 曾自强,王玉菡,高建华. 基于重力加速度传感器与磁通门的测井测斜仪[J]. 石油仪器, 2011, 25 (4): 38–41.

[16] 张文秀,陈文轩,底青云,等. 近钻头井斜动态测量重力加速度信号提取方法研究[J]. 地球物理学报, 2017, 60 (11): 4174–4183.

[17] 陈文轩,孙云涛,裴彬彬,等. 基于正交频分复用技术(OFDM)的高速测井遥传系统[J]. 测井技术, 2011, 35 (5): 460–465.

第 3 章　声波测井仪器的调试诊断策略

从 1971 年 Beard 提出解析冗余代替硬件冗余的思想后,调试检测与诊断技术从离线监测、计划维修与事后维修、人工诊断方式发展到了如今的在线监测、预测性维修和智能化诊断阶段。在此期间,调试诊断理论及应用方面产生了多种不同的方法,比如故障树、专家系统、基于神经网络的机器学习、多元统计分析、解析模型、信号处理、信息融合等。本章首先总结了调试诊断技术的发展状况,然后详细介绍定性和定量两大类故障诊断方法中各种技术的基础理论、模型、实现流程和优缺点。在此基础上,重点介绍了基于故障树方法和数据驱动方法的声波测井仪器调试诊断策略。

第 1 节　调试诊断技术概述

随着科学技术的进步,仪器设备系统的规模和复杂性不断提高,仪器的可靠性和稳定性面临极大的挑战。调试诊断技术能够对系统中出现的故障进行检测、分离和辨识,也就是能够判断是否有故障发生,故障的种类、发生的时间、位置和严重程度等信息。该技术是提高仪器设备可靠性和稳定性的有效方法之一,已经成为现代仪器设备制造和维护的重要方面,在电子系统、液压系统、配电网和大型机械设备等领域得到了广泛应用。

调试诊断主要由信号采集、数据处理、状态识别和诊断决策 4 个过程组成。已有的研究主要集中在前三个环节。信号采集是调试诊断的首要工作,通过不同类型的传感器可以记录系统运行过程中的各种状态信息。监测得到的有用信息越多越真实,调试诊断工作越高效。数据分析和处理是调试诊断的关键,采用现代信息处理技术,如数字信号处理、应用数学等手段,对采集到的信号进行加工,可以提取系统运行状态的特征参数。状态识别通过将处理得到的系统特征参数与额定参数对比，能够判断系统是否存在故障，确定故障的性质、部位和原因。为了更好地向诊断决策提供有效的结论性支撑，必须制定正确、高效的判别标准和诊断策略。诊断决策是根据状态识别的结果，决定采取隔离故障、更换器件等对策，同时预测系统状态的发展趋势。

早期，人们主要采用"望、闻、听、振、摸"等方法对系统进行静态和动态的观察，依靠万用表等简单仪表对系统进行测试分析，由操作人员或者专家凭借经验进行组装调试和维修诊断。该方法不仅效率低下，而且只能检测比较明显和简单的故障。随后出现的是基于硬件冗余的故障诊断法，该方法增加了冗余部件，通过少数服从多数的表决办法进行故障检测。这种需要至少3倍部件的方法在提高系统可靠性的同时，大大增加了系统的成本、结构、空间和重量。这使得该方法的应用范围很有限。在这种情况下，解析冗余方法得到了快速发展，两种不需要额外硬件开销的故障诊断方法凭借成本低、工程上易实现等优点而得到了广泛应用：一种是基于控制理论和统计分析的故障诊断方法，另一种是基于计算科学和人工智能的调试诊断方法。将当前的前沿科学技术运用于设备系统的调试诊断是故障诊断学的发展方向。

1990年，Frank教授将所有故障诊断方法分为3类：基于数学模型的方法、基于知识的方法和基于信号处理的方法。随着新理论和新方法的不断出现，这种分类方法不再适用。周东华将调试诊断技术分为定性和定量两类，并进一步做了细分和归类。定性类方法包含图论方法、专家系统和定性仿真等方法，而定量类方法包含基于解析模型和数据驱动的诊断方法。该分类可以涵盖目前所有的故障诊断方法，而且支持扩展，从而可以兼容后续出现的新方法。

目前，调试诊断技术朝着传感器的精密化、多维化和阵列化，诊断理论与诊断模型的多样化，诊断技术的智能化发展。得力于物联网、大数据和人工智能技术的高速发展，调试诊断技术有望在以下几个方面得到更加深入的研究：

（1）多源信息融合诊断技术。采用多个（种）传感器，对设备的多个位置在不同条件下的状态进行测试，可以得到大量的能够相互验证的有用信息。对这些冗余信息进行处理，可以对复杂设备进行多维度、全方位的诊断。

（2）基于大数据和人工智能的智能诊断技术。随着智能科技的迅速发展，基于多种智能技术的混合诊断系统，是调试诊断技术发展的一个趋势。利用的相关技术主要有基于规则的专家系统与神经网络的结合、实例推理与神经网络的结合等。其中，神经网络与模糊逻辑、专家系统结合的诊断模型是当前智能故障诊断技术的研究热点之一。

（3）基于网络的远程在线分布式智能诊断系统。基于网络的远程在线分布式智能诊断系统，是将故障诊断技术、计算机科学与通信技术相结合的一种设备故障诊断模式。在该模式中，数据采集和处理在硬件空间上是分开的，设备的状态数据由设备上的监测点采集得到，数据处理由专门的计算机群负责完成，数据从监测点到处理中心是通过网络传输的。该模式可以实现多台设备的多专家异地在线协同诊断，有利于积累诊断案例，从而弥补单个专家相关知识的不足，提高诊断的智能化水平，为企业更好地提供远程技术支持。无线网络透传模块可以让用户在数百米范围内进行非接触式的状态监测，在一些特殊场合中特别有用。依托大数据和云计算的物联网技术有望进一步加速远程在线分布式智能诊断系统的发展。

（4）诊断与故障实时处理技术相结合。根据设备的当前故障状况，及时采取相应措施，避免设备出现故障或者及时消除故障，是故障诊断技术发展的终极目标。实时故障隔离技术有助于防止设备故障的进一步扩大。基于设备历史故障的预测性维护技术有利于实现设备的按需保养并延长寿命，避免了按时保养造成的过度维护。将诊断系统和实时故障处理技术进一步结合，实现故障的智能化检测与预防性维护，是从业者们又一个努力的方向。

第 2 节　定性调试诊断方法

定性故障诊断方法有图论方法、专家系统和定性仿真三类，其中前两类方法研究和应用得比较多，是以下介绍的重点。为了解决故障诊断的不确定性问题，各种定量信息也逐步被加入定性故障诊断方法中。

1. 图论方法

图论方法包括符号有向图（signed directed graph）方法和故障树（fault tree）方法。两种方法均是基于系统的因果关系进行图形化故障诊断的工具，其中符号有向图的因果关系是从原因节点指向结果节点，而故障树的因果关系是一种由果到因的分析过程。基于图论的故障诊断方法具有建模简单和易于理解等优点，但是该方法对复杂系统的搜索过程非常复杂,而且诊断准确率不高,可能给出无效的故障诊断结果。

1) 符号有向图

通过将系统中的具体对象(部件、事件等)抽象成一个个节点,将对象间的故障传播关系抽象成两个节点之间的有方向的边,就可以将系统故障传播的模型转化为符号有向图并进行故障诊断。假如用节点 v 表示系统中的对象,连接两个节点的有向边 e 表示两个对象之间的各种关系 R,则图 $G=(V,E)$ 就成为系统对应的符号有向图模型,其中 $v\in V$、$e\in E$ 分别表示系统中的所有对象和它们之间的各种连接关系。在实际诊断过程中,通常先将有向图转换为矩阵,然后在计算机内进行存储和计算。比如有 n 个节点,则可以构建 $n\times n$ 的矩阵 S,矩阵中每个元素的定义如式(3-1)所示。当两节点间存在有向边时值为1,不存在有向边时值为0。当节点 i 出现异常并报警时,遍历 SDG 中能够到达 i 节点的节点集,可以逆向回溯故障发生的位置,判明故障发生的原因,进而得到该故障在系统内部的发展演变过程。

$$S_{ij}=\begin{cases}0, & \text{从 } i \text{ 节点到 } j \text{ 节点不存在有向边}\\1, & \text{从 } i \text{ 节点到 } j \text{ 节点存在有向边}\end{cases} \quad (3-1)$$

实际系统的操作多样,动态特性多变,但是对象间的定性逻辑关系不变。这决定了基于 SDG 的故障诊断方法虽然只是定性的,但它具有很大的优势和用处,尤其是在针对过程的故障诊断中。为了克服传统 SDG 方法多解性强、精确度不足的缺陷,研究者们加入了系统的定量信息或者与其他方法相结合,比如在 SDG 中加入系统节点间的定量信息而构建节点定量化 SDG 模型、基于条件概率的符号有向图方法、结合 SDG 与定向趋势分析的方法等。

2) 故障树分析法

故障树是一种特殊的倒树状逻辑图。故障树分析法(Fault Tree Analysis,FTA)是一种从结果逆推到原因的分析过程,它从系统表现出的故障状态开始,逐级向前推理分析,最终得到故障发生的原因、严重程度和发生概率等信息。该方法是一种简单、有效的可靠性分析和故障诊断方法,是指导系统最优化设计和分析薄弱环节的重要工具。

基于故障树的故障诊断流程需要首先确定系统故障的类型,然后建立故障树模型,求出系统最小割集、顶事件发生的概率及单元重要度等信息,最后确定故障诊断程序。故障树的建立是该方法的一个关键步骤，它是以系统故障为分析目标，以系统的组成、结构和功能关系为基础，从上到下逐层查找故障原因，采用逻辑门连接有因果关系的相关事件，从而具体地表达出系统故障与各功能单元故障之间的客观逻辑因果关系。图 3-1 是故障树模型的一个示例，其中 F_0 是顶事件，$S_1 \sim S_5$ 是底事件，F_{1-1} 和 F_{1-2} 是中间事件。逻辑与门表示：只有在两个底层事件均发生时上一层事件才发生，通常在硬件或者功能冗余情况下使用。逻辑或门表示：只要有一个底层事件发生，上一层事件就发生，通常用在过程的串行模块中。割集是指系统中能够确定引发顶事件的一些底事件集合。最小割集是指当割集中的底事件除去任何一个时，顶事件就不会发生。每一个最小割集就是一种故障模式，故障诊断时，逐个测试最小割集，就可以搜寻故障源。从故障树可以看出系统故障类型是局部的还是全局的，以及顶事件发生的概率和故障树的最小割集。故障树模型不仅可以定性分析故障产生的原因，识别出系统所有可能失效的模式以及薄弱环节，还能计算单元重要度和系统失效概率等定量指标。

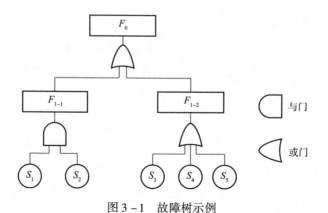

图 3-1 故障树示例

为了更加有效地对复杂系统进行故障诊断，当前的研究热点是将故障树方法和其他方法相结合，比如基于布尔代数和模糊集合论的模糊故障树分析方法，基于 T-S 模型、概率论和模糊集合论的 T-S 故障树分析方法，将故障树与贝叶斯网络方法结合等。

2. 专家系统

仪器设备出现故障时，操作工程师往往不知如何处理，必须由专业人员进行故障诊断和排除，从而保证生产的正常进行。这是基于专家系统的故障诊断方法的基本思路和最终目标。专家系统是指使用具有人类专家的知识和推理能力的计算机模型来处理现实世界中需要专家做出解释的复杂问题,并得出与专家相同的结论。图 3-2 所示为专家系统的组成框图,它主要由知识库、推理机和人机接口组成。知识库是专家知识在计算机中的存储映射;推理机是专家基于知识进行推理这一思维过程在计算机中的能力映射;人机接口是连接被诊断对象和专家系统核心的桥梁,包括数据采集与传输、数据解释与显示等模块。此外,专家通过人机接口,可以不断地将知识输入到知识库中。

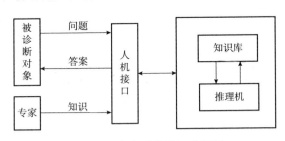

图 3-2 专家系统的组成框图

知识库和推理机是构建专家系统的关键和难点所在。为了更好地建立知识库和推理机,知识表示与获取、数据挖掘、机器推理、神经网络、人工智能等技术得到了快速发展。按照不同阶段的特征,专家系统可以分为基于规则、基于框架、基于案例、基于模型和基于 Web 这 5 个发展阶段。专家系统在不断发展的过程中,知识逐渐可以被加工,推理策略由早期的 IF-THEN 规则、经过距离-权值的线性机制阶段,逐步发展成非线性神经元网络之间的竞争。与此同时,专家系统与计算机网络技术等交叉学科的融合性更强。模糊理论的引入很好地处理了专家知识中的不确定性。

基于专家系统的故障诊断方法主要利用专家的经验知识,不需要对系统进行建模,诊断的结果也比较容易理解。但是,该方法的知识获取比较困难,诊断的准确程度严重依赖于知识库中知识量的大小和知识的准确率,系统规模的增加和规则的增多会使推理速度变慢、效率低下。这些是开发新型故障诊断专家系统必须解决的问题。张煜东等人指出,专家系统的长远目标是探索机器智能和人类智能的基本原理,研究用计算机模拟人的思维过程和智能行为,也就是基于未来人工智能技术的专家系统。新型的专家系统应该具备图 3-3 中所示的 7 种特征,尤其是要有自主学习能力和自适应能力。

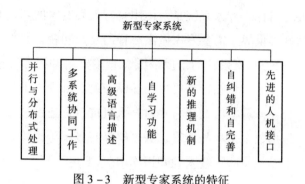

图3-3 新型专家系统的特征

第3节 定量故障诊断方法

目前发展比较快、应用比较广的定量故障诊断方法主要有两类：基于解析模型的方法和基于数据驱动的方法。两种方法的诊断思想和所依赖的基础不同，实际使用时也各有优势和不足。本节将详细介绍它们实现故障诊断的原理、方法和效果等内容。

1. 基于解析模型的方法

基于解析模型的故障诊断方法是目前研究比较深入和应用比较成熟的方法。该方法根据系统的物理特性建立相应的数学模型，依据系统的输入和输出量构造残差信号。该残差信号可以反映系统的预期效果（输出状态、参数等）与实际运行状况之间的差异，进一步的分析能够用于系统的故障诊断。基于解析模型的故障诊断方法主要包括状态估计法、参数估计法和等价空间法三类。基于解析模型的故障诊断方法早期主要应用于线性系统中，近年来在复杂的非线性系统中的研究逐渐变多。贾庆贤等人将基于解析模型的非线性系统的故障诊断方法归纳为四类：基于非线性观测器的方法、微分几何方法、基于滤波器的方法和自适应学习方法。

1) 状态估计法

基于状态估计的故障诊断方法使用系统的实际运行状态和估计运行状态进行比较来产生残差，然后通过一定的算法从残差中提取故障特征，从而完成故障诊断。图3-4是基于状态估计法的工作原理图，故障诊断过程主要由两个估计器完成：一个是状态估计器，另一个是故障估计器。状态估计器就是估计系统的状态，主要通过滤波器方法和观测器方法实现。故障估计器就是估计故障的类型、位置、原因等特征，通过神经网络、均方根、自适应阈值等算法实现。

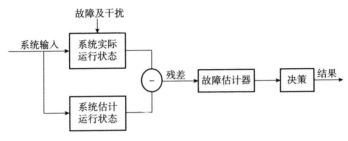

图3-4 状态估计法故障诊断的工作原理图

状态估计法根据系统的物理特性构建数学模型，重构被控过程状态，所使用的参数都是系统的模型参数而不是实际运行参数，这有效降低了环境因素和输入变化对模型造成的影响。郭健彬等人利用随机混杂自动机对系统的离散状态和连续状态进行统一建模，改进了基于卡尔曼粒子滤波的连续估计算法，使用在线监测数据来估计混杂系统各类迁移（受控、自治、随机）产生的各种离散和连续状态。刘春生等人采用微分同胚的方法将非线性系统转换为易于分析的系统，将系统的可测输出作为故障估计器的输入，使用RBF神经网络作为故障估计器来逼近系统发生的故障，解决了状态不可测时的故障诊断问题。

2）参数估计法

基于参数估计的故障诊断法认为系统的故障会引起系统运行参数的变化，进一步导致模型参数的变化，因此可以通过比较系统的运行参数和模型参数之间的差异来进行故障诊断。该方法主要针对那些可以用参数表征故障特性的系统，在输出系统状态估计的基础上可以准确估计系统的故障参数，为后续的容错控制设计提供可靠信息。

早期的参数估计法故障诊断主要使用的是扩展卡尔曼滤波器。针对该滤波器对时变参数跟踪性能较差的缺点，研究者们先后提出了基于强跟踪滤波器、自适应卡尔曼滤波器、极大似然算法等多种参数估计法用于非线性系统。与此同时，将参数估计法与状态估计、观测器、神经网络、等价空间等方法结合进行故障诊断，可以进一步提高诊断的效率和准确性。

3) 等价空间法

等价空间法（Method Based on Parity Space）的基本思想是利用系统的输入和输出的实际测量值检验系统数学模型的等价性（一致性）以检测和分离故障。这种等价模型能够反映输出变量之间的静态直接冗余以及输入输出变量之间的动态解析冗余。

在传统的等价空间方法中，低阶的等价向量容易实现，但是性能比较差；选择高阶的等价向量在提高性能的同时也大大增加了计算量，而且容易造成误诊断。Ye 等针对传统等价空间方法的不足，使用小波变换对残差信号进行多尺度滤波，充分利用小波变换的时频局部化特征和快速算法，有效降低了等价空间向量的阶数，可以在较宽的频带范围内实现响应速度和误检率都比较满意的故障诊断。郑致刚等人使用键合图模型建立了模拟电路的状态方程，通过观测矩阵的正交空间投影消去了方程中的状态变量，使残差信号仅与输入信号和观测信号有关，克服了元件的参数容差对模拟电路的影响，降低了信号测量难度，实现了模拟电路的嵌入式在线检测。此外，研究者们给出了适用于不同采样间隔的线性系统、非线性系统的等价空间方法。

基于解析模型的故障诊断方法可以充分利用系统内部的深层信息，但是必须精确地建立被诊断对象的数学模型。为了提高故障诊断的精度和速度，该方法通常与其他方法结合使用，比如神经网络、故障树等。大多数情况下，很难建立起被测对象的精确数学模型，此时就无法进行基于解析模型的故障诊断。然而，系统在运行过程中积累了大量的数据，这些数据能够反映系统的运行状况，因此研究基于过程数据的故障诊断方法变得非常有意义。

2. 基于数据驱动的方法

基于数据驱动的故障诊断方法是对系统运行的过程数据进行深入分析与处理，从而在无须知道系统的物理和数学模型的情况下完成故障诊断。该类方法实现的关键是故障特征的提取和故障状态的识别。根据故障特征的获取和识别所依赖的技术，该类故障诊断方法可以分为机器学习类方法、多元统计分析类方法、信号处理类方法和信息融合类方法等。

1) 机器学习

机器学习类故障诊断方法是计算机模仿人的思考和学习能力，利用系统正常和故障情况下的历史数据构建并训练模型,再使用训练模型进行故障诊断。跟传统的智能诊断方法与深度学习诊断法相比,机器学习不需要海量的故障数据样本来训练模型,对诊断系统的硬件设备要求不高,同时能够充分挖掘过程数据的隐含特征信息,因此广泛应用于复杂大规模系统的故障诊断中,主要体现在故障特征提取、故障模式识别和决策支持方面。常用的机器学习方法包括神经网络、支持向量机、聚类分析、决策树、关联分析、随机森林等。本书主要介绍神经网络和支持向量机方法。

(1) 神经网络(Neural network)。神经网络的基本架构可以分为前馈神经网络、循环网络和对称连接网络三类。常用的神经网络有 BP 网络、RBF 网络、ART 网络、SOM 网络等。在故障诊断中,神经网络通过调整内部节点之间相互连接的关系,从而达到处理故障信息的目的。本书以基于逆向传播(Back Propagation,BP)模型的神经网络为例,说明神经网络进行故障诊断的工作原理。

图 3-5 是基于 BP 模型的三层神经网络结构,由输入层、隐层和输出层组成,包含 d 个输入神经元、m 个隐层神经元和 n 个输出神经元。假设输入层第 i 个节点的输入值为 x_i,隐层第 h 个节点的输出值为 b_h,输出层第 j 个节点的输出值为 y_j,隐层第 h 个节点的激活阈值为 θ_h,输出层第 j 个节点的激活阈值为 γ_j,输入层第 i 个节点和隐层第 h 个节点的连接权值为 w_{ih},隐层第 h 个节点和输出层第 j 个节点的连接权值为 v_{hj},隐层和输出层的激活函数都使用 Sigmoid 函数,那么,隐层第 h 个节点的输入 α_h 和输出层第 j 个节点的输入 β_j 可以用式(3-2)和式(3-3)表示。同理,可以得到输出层第 j 个节点的输出,如式(3-4)所示。

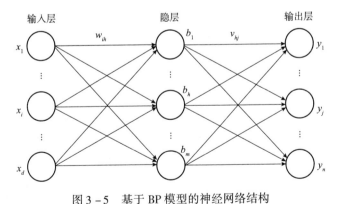

图 3-5 基于 BP 模型的神经网络结构

$$\alpha_h = \sum_{i=1}^{d} w_{ih} x_i - \theta_h \tag{3-2}$$

$$\beta_h = f(\alpha_h) = f(\sum_{i=1}^{d} w_{ih}x_i - \theta_h) \qquad (3-3)$$

$$y_j = f(\sum_{j=1}^{m} v_{hj}\beta_h - \gamma_j) \qquad (3-4)$$

BP 神经网络的学习和训练可以描述为通过不断进行正向传播和反向传播的计算并修改权值和阈值，使实际输出和预期输出趋近于一致的过程。假设训练例程 (x_k, y_k) 的实际输出为 $\hat{y}_k = (\hat{y}_1^k, \hat{y}_2^k, \cdots, \hat{y}_n^k)$，学习率为 η，具体的训练算法可以描述如下：

①在 0~1 范围内随机选取连接权值和节点激活阈值。

②根据正向传播过程、式（3-5）和式（3-6）计算当前样本的输出 $\hat{y}_k$ 和均方误差 E_k，样本集的累积误差 E。当误差大于误差阈值时，重复下列步骤③到步骤⑤的运算；

$$E_k = \frac{1}{2} \sum_{j=1}^{n} (\hat{y}_j^k - y_j^k)^2 \qquad (3-5)$$

$$E = \frac{1}{n} \sum_{j=1}^{n} E_j \qquad (3-6)$$

③由式（3-7）和式（3-8）计算输出层神经元的梯度项 g_j 和隐层神经元的梯度项 e_h；

$$g_j = \hat{y}_j^k (1 - \hat{y}_j^k)(y_j^k - \hat{y}_j^k) \qquad (3-7)$$

$$e_h = \beta_h(1 - \beta_h) \sum_{j=1}^{n} v_{hj} g_j \qquad (3-8)$$

④由式（3-9）~式（3-12）计算权值增量 Δw_{ih} 和 Δv_{hj}，激活阈值 $\Delta \theta_h$ 和 Δv_j；

$$\Delta v_{hj} = \eta g_j \beta_h \qquad (3-9)$$

$$\Delta w_{ih} = \eta e_h x_i \qquad (3-10)$$

$$\Delta \gamma_j = -\eta g_j \qquad (3-11)$$

$$\Delta \theta_h = -\eta e_h \qquad (3-12)$$

⑤根据参数 $\tau \leftarrow \tau + \Delta \tau$ 的更新式，更新 w_{ih}、v_{hj}、θ_h 和 v_j。重复步骤②的操作。

实际诊断时，将故障样本施加到输入层各节点，BP 神经网络根据数据驱动正向传播的故障诊断策略，先后计算出隐层和输出层各个节点的输出值，将最终输出与阈值函数相比较，从而判断故障的类型。

BP模型已经在浅层神经网络中得到了很好的应用，但它在深层网络中会出现收敛速度慢、局部最优和过拟合等问题。针对上述不足，研究者们提出了牛顿迭代法、遗传算法、最速下降法等算法来解决。此外，为了克服神经网络故障诊断法可解释性差、需要大量故障样本的缺陷，在算法中加入先验信息以监督学习、重采样并进行多个神经网络综合诊断，将神经网络与主元分析、小波变换、数据预处理等方法相结合，都可以提高神经网络在故障诊断中的适用性和可靠性。

（2）支持向量机（Support Vector Machine，SVM）。支持向量机是一种基于统计学习理论的机器学习方法。该方法基于结构化风险最小化原理来提高学习机的能力，从而在样本量较小的情况下实现置信范围和经验风险的最小化。

支持向量机是一种基于最大间隔超平面的分类器，该平面使得属于两个不同类的数据点之间的间隔最大。它是根据有限的样本信息，在模型的复杂性和学习能力之间权衡，以获得最佳的推广能力。图3-6中的样本属于两个类，通过训练可以得到样本的最大间隔超平面（$wx+b=0$），在超平面上的点也称为支持向量，如三角形样本的4号和2号，正方形样本的5号和6号。

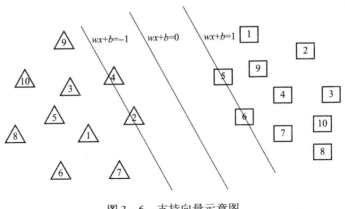

图3-6 支持向量示意图

在线性可分情况下，假设存在n个训练样本(x_1, y_1)，(x_i, y_i)，…，(x_n, y_n)，其中$y_i \in \{-1, 1\}$，$i=1, 2, …, n$，那么肯定存在一个超平面将训练样本完全分开。该平面可以用式（3-13）表示，其中w是n维向量，b是偏移量。样本的最优超平面模型可以通过求解式（3-14）的二次优化问题获得。对于线性不可分的情况，通过非线性映射算法将低维输入空间的样本转化为高维特征空间使其线性可分，从而完成分析。

$$wx + b = 0 \qquad (3-13)$$

$$\min_{w,b} \frac{1}{2} \|w\|^2, \text{ s.t. } y_i(wx+b) - 1 \geq 0 \tag{3-14}$$

实际故障诊断时，通过训练的分类函数确定某一样本所处的区域从而达到分类的目的。跟神经网络法相比，该方法训练时不存在局部最小的问题，在解决小样本、非线性及多维模式识别问题中优势明显。目前在很多应用中，支持向量机与主元分析等方法一块使用来进行故障检测和辨识，以提高诊断效率。

基于机器学习的故障诊断方法以故障诊断正确率为学习目标，不需要依赖系统的数学模型，并且适用范围广。但是机器学习算法需要系统故障情况下的数据作为训练样本，诊断结果可解释性差，且诊断的精度与样本的全面性和代表性有很大的关系，无法在那些不能获得大量故障数据的工业过程故障诊断中应用。利用系统的先验性知识，对故障数据进行预处理，让故障数据进行监督学习，集成多种机器学习方法，根据应用对象和环境选择合适的算法，从而提高机器学习的准确性并降低运算量，是基于机器学习的故障诊断技术发展的重要方向。

2) 多元统计分析

基于多元统计分析的方法利用多个过程变量的历史数据间的相关性进行故障诊断。该方法通过多元投影法将多变量样本空间进行分解，构造能够反映空间变化的统计量，计算这些变量的指标来进行过程监控。不同的多元投影方法分解的子空间结构不同，反映了变量之间不同的相关性。常用的多元投影方法包括主元分析、偏最小二乘、独立元素分析和费舍尔判别分析等。表3-1所示总结了这四种方法的基本原理和它们的优缺点。

表3-1 四种多元统计分析法的对比

方法	基本原理	优点	缺点
主元分析	通过一组线性变换，捕捉过程变量中变化最大的那些方向	算法简单，物理意义相对明确，可处理带测量噪声、误差、数据缺失等多元相关数据	过程变量不是正态分布时，主元不独立，计算不准确
偏最小二乘	利用质量变量来引导过程变量样本空间的分解，关注过程变量中与质量相关的那些方向	检测结果具有质量相关特性，可以更好地解释响应	需要充分了解被监测对象，算法复杂，适用条件苛刻
独立元素分析	非高斯分布多元变量是少数本质变量（独立元素）线性组合而成的	模型简单，物理意义明确	算法复杂度高，独立主元必须非高斯分布

续表

方法	基本原理	优点	缺点
费舍尔判别分析	通过一系列线性变化,在低维空间中将不同类别的数据最大程度地分离	线性降维技术,充分利用故障和正常工况数据	同时需要故障和正常工况下的数据

基于多元统计分析的故障诊断方法完全基于系统运行过程中的测试数据,不需要对系统的组成结构和工作原理有深入的了解,算法简单,容易实现,但是该类方法的诊断结果物理意义不明确,可解释性差。此外,多元变量在非线性、时变性等复杂条件下的故障诊断方法还有待进一步研究。

3) 信号处理

基于信号处理的故障诊断方法认为,不同的故障会导致测量信号在时域和频域上表现出不同的特征。因此,采用各种信号处理的方法进行分析,提取与故障相关的特征,可以用于故障诊断。常用的信号处理方法有时域分析和频域分析两类。时域分析是信号处理中最基础的一类方法,主要包含时域波形、概率密度和相关分析等方式,广泛应用于一些低频场合的信号处理。频域分析是将复杂的时域波形信号变换成频域内若干个单一频率谐波分量的叠加,进而研究信号的频率结构、各个谐波的幅度和相位、不同频率下的功率谱和能量等信息。传统的傅里叶变换能够有效地对平稳信号进行频谱分析,但它是一种全局变换方法,不能反映信号的局部时频特征。因此,当前研究中多使用小波变换对非平稳信号进行处理,从而完成故障诊断。

小波变换能够反映信号的频率内容随时间的变化情况,它在低频部分能够呈现较高的频率分辨率和较低的时间分辨率,而在高频部分则相反。该方法在故障诊断中主要有以下几方面的应用:①对信号进行多尺度多分辨率分析,从而提取故障信号的更多特征;②利用模极大值方法检测信号的突变从而用于突发性故障诊断;③在低频应用环境中对高频的随机噪声进行去噪。此外,使用小波变换先进行信号数据的预处理,进一步与神经网络、支持向量机等方法结合进行故障诊断,是目前的研究热点。

4) 信息融合

信息融合调试诊断技术是一种集成方法,它充分利用多个信息源,将它们提供的信息按照冗余或者互补等规则进行组合,从而获得比单源信息更可靠的结论。按照抽象的层次化结构，信息融合可以分为数据层融合、特征层融合和决策层融合三个级别。数据层融合是指对多个传感器测量的原始数据进行分析与综合，它是基于硬件冗余的融合。特征层融合是指对信号处理得到的特征信息进行关联和融合并进行诊断，它的实质是模式识别问题。决策层融合是指利用相关算法对不同的初步决策进行综合，从而获得更加一致和准确的联合诊断结果。这三个层次的融合表征能力从低到高，依次满足故障检测、识别和定位的需求。

目前，信息融合故障诊断法的研究主要集中在融合算法上，图3-7展示了三个层次上常用的融合算法。由于能够实现信号在时域和频域上的局部分析且具有可变的分辨率，小波变换常被用来进行多尺度数据融合。神经网络在模式识别和分类方面有很大的优势，因此它在特征层融合中占据着重要地位。DS证据理论（Dempster-Shafer evidence theory）能够同时处理"不精确"和"不知道"两种情况所引起的不确定性，因而它在多解性判别时有突出的优势，是目前决策层融合中使用最多的一类算法。

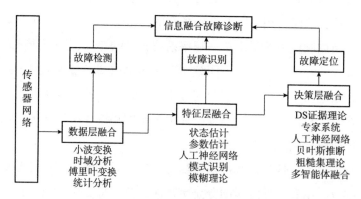

图3-7 不同层次的信息融合方法

3. 各种主要方法的对比

表3-2总结了各种故障诊断方法的主要特点与应用局限。可以看出，无论是定性的方法，还是定量的方法，都有自身的优点和不足。但是，这些方法之间不是完全孤立的，它们均是建立在被测对象的内部结构、工作原理和运行过程的基础之上，是对被测对象进行的不同层次和不同角度的故障诊断。根据被诊断对象的已知特性和可用资源，将多种定性和定量的故障诊断方法进行深度融合，发

挥各自的优势，发展基于"原理+数据+知识"的集成故障诊断技术进行快速、实时、智能和准确地工作，是下一步研究的趋势。

表3-2 各种故障诊断方法的主要特点与应用局限

类型	主要方法	主要特点	应用局限
定性	图论方法	利用因果关系分析	需要精通系统的结构和工作原理，复杂系统诊断效率低
	专家系统	能够利用专家丰富的经验知识	知识获取困难，诊断准确度受专家经验影响
定量	状态估计、参数估计	能够利用对系统内部的深层认识，诊断效果好	实际对象的精确模型难以建立
	机器学习	利用系统运行历史数据训练学习算法	样本数据不好获取，诊断精度与样本的完备性和代表性相关
	多元统计分析	利用过程中多个变量之间的相关性进行故障诊断	物理意义不明确，难以解释
	信号处理	利用信号处理方法提取与故障相关的信号的时域或频域特征	偏重于特征提取，决策性较差

第4节 声波测井仪器智能调试诊断方法

声波测井仪器作为一种特殊的仪器设备，能够采集井旁三维地层的声学信息。大规模的传感器阵列和复杂的机电一体化设计给仪器的组装和维护带来了很大的工作量和工作难度。这使得辅助组装和维修的调试诊断工作变得更加有意义和有挑战。将通用的调试诊断方法根据声波测井仪器的特性加以改造，可以实现该类仪器的调试诊断。跟仪器生命周期中的组装者、使用者和维修者相比，仪器的研发者孕育了仪器的生命，精通着仪器的内部结构和工作原理，掌握着常用的测试设备、有效的测试方法和大量的测试数据，拥有多次改造仪器的最大权限，是该类仪器方面最权威的专家。因此，从理论上讲，仪器的研发者在仪器的调试诊断技术研究中具有得天独厚的优势。

本书从声波测井仪器研发者的角度出发，利用基于"原理+数据+知识"的集成调试诊断技术，设计了该类型仪器的专用调试诊断系统，从而有助于声波测井仪器的组装者和维修者快速、准确地定位故障位置，进而减少非生产时间，实现降本增效的目标。下面以声波测井仪器的故障树诊断技术、数据驱动故障诊断技术和测井服务全球化背景下的故障诊断思路三个方面为例，介绍集成调试诊断技术在声波测井仪器中的应用。

1. 声波测井仪器故障树诊断技术

声波测井仪器的实质是一个大型的数据采集系统，该系统的模块化程度比较高，各模块之间的关系比较明确。因此，故障树分析法可以很好地应用于该仪器的故障诊断中，比如检查发射换能器不工作以及上传到地面系统的采集波形异常等情况。仪器的组成、结构和功能是分析系统故障的因果关系、构建故障树的基础。本书以仪器采集数据的异常为例，说明故障树的建立方法。

图 3-8 是三维声波测井仪器内各子系统之间的电气连接与测井数据的路径图。每 16 路接收换能器信号经过程控放大和滤波等模拟处理后，在一个接收控制节点 FPGA 的作用下进行 AD 转换并进入内部 FIFO 中。主控短节通过 SSB 总线与发射声系和 5 个接收控制节点联系，读取接收控制节点中的 80 道采集数据，并通过 CAN 和 RS485 的双总线结构传输到遥传短节。遥传短节通过电缆将经过编码的数据传输到地面以供后续操作。此外，主控短节中的电源转换模块将 220V 交流电源转换成 ±6V 和 15V 的低压电源，供给发射声系和接收声系中的相应模块。

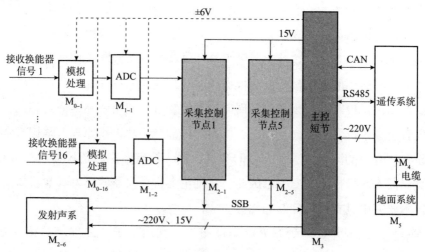

图 3-8 仪器模块连接与测井数据的路径图

根据图 3-8 所示的仪器结构和测井数据的流动路径可以构建相应的采集数据异常的故障树图。具体的构建步骤和诊断策略如下：

（1）将仪器系统分割成几个不同位置、不同层次，有一定独立性和关联性的模块（如图 3-8 中的 M_0 到 M_5）。将同一层次的子模块依次进行编号，比如 M_{0-1} 到 M_{0-16}。

（2）根据仪器工作时数据流动的先后顺序定义模块的相对上下游，比如，M_3 是 M_2 的下游模块是 M_4 的上游模块。上游模块的故障会传播到下游模块。任一模块出现故障，地面系统终端模块 M_5 中的数据都会有异常显示。

（3）假设当前模块是否发生故障用布尔型变量 S_i 表示，每个模块的输出处是否出现故障用一个布尔型变量 F_i 表示，那么 S_i 和 F_i 之间的关系可以用图 3-9 的故障树图来表示，它们之间的数学关系如式（3-15）和式（3-16）所示，其中 F_i 和 S_i 等于 1 时表示发生故障。

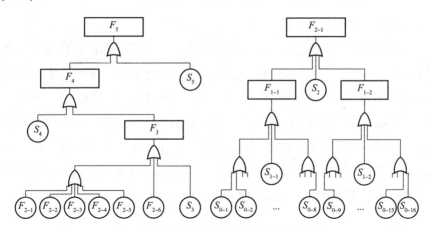

图 3-9　仪器采集数据异常的故障树图

$$F_i = S_i \cup F_{i-1}, \quad i = 1, 2, 3, 4, 5 \qquad (3-15)$$

$$F_0 = S_0 \qquad (3-16)$$

从图 3-9 可以看出，地面系统（M_5）、遥传系统（M_4）和主控短节（M_3）的故障是全局性的故障，而各个接收模拟通道（M_0）、AD 转换器（M_1）和接收控制节点（M_2）中的故障是不同程度的局部故障。因此，可以在每个模块中设计相应的诊断模式和相应的诊断数据，代替上游模块的输出（使 $F_{i-1} = 1$），就可以根据 F_i 的取值，逐级向上游模块查找故障发生的位置。如果 $F_i = 0$，则表示故障在上游模块，否则在本模块。

2. 声波测井仪器数据驱动故障诊断技术

对单个声波测井仪器来说，常用的数据驱动故障诊断技术主要有状态估计、参数估计和信号处理等方法，比如对原始波形进行频谱分析和相关性计算等。而在同一类众多仪器且有大量历史数据的情况下，机器学习、多元统计分析等方法变得更加有效。从仪器研发者的角度来看，驱动声波测井仪器故障诊断的数据主要有历史数据和仿真数据两种，其中后者是仪器研发者调试诊断系统的特色和优势。

历史数据是仪器以往在工房里或者测井时正常工作或者故障状态下的数据积累。跟工房中常温常压下的测试相比，高温高压的井下环境中更能将仪器的薄弱之处和潜在故障表现出来。回放并分析原始的测井数据是重要的故障诊断方法，尤其是对随钻声波测井仪器而言。通过回放，可以看出故障发生的时间、深度、温度、压力、故障发生的频繁性等关键信息。在此基础上，在工房中复原故障环境和故障现象，进行进一步的诊断。

仿真数据跟仪器的仿真模式是密不可分的。仿真模式和仿真数据是仪器研发者在正常的工作模式和数据的基础上增加的测试模式和相应的数据。通常情况下，仿真数据是已知的典型数据，比如 ADC 的输出可以是同一电平的数字码，采集波形的输出可以是锯齿波形。当工作在仿真模式时，模块可以向它的下游模块输出正常的、固定的仿真数据，从而方便诊断下游模块是否异常。由于知识产权和技术保密的原因，利用仿真数据进行仪器的故障诊断只能由仪器的研发者来设计，这也是从仪器研发者角度设计调试诊断系统的原因之一。

3. 测井服务全球化背景下的故障诊断思路

随着国内石油测井企业的不断壮大和油气测井服务全球化的不断深入，企业生产的测井仪器会越来越多地出售到国外或者去国外市场进行测井服务。这种全球跨区域的交易和作业给仪器的售后维修和测后维护带来了很大的不便与挑战。企业充分利用大数据、物联网和云计算等高端新技术，建立不断添加和更新所有测井仪器生命周期日志的数据库，形成测井仪器生命周期中各阶段调试诊断的工艺性文件，进一步发展企业层面的故障诊断专家系统，进行智能化和预测性故障诊断，是一种很有前途的解决思路。研究人员可以从以下几个方面着手：

（1）调试诊断设备的通用化和诊断流程的工艺化。给同一类型的测井仪器

（比如不同的声波测井仪器）配备通用的调试诊断设备，将调试诊断方法形成工艺化文档，不仅可以减少调试诊断设备的成本，而且可以培训出大量的、有一定专业素质的现场维修人员。

（2）基于监督机器学习的智能诊断技术。将数据库中所有仪器的生命周期日志（包含现场作业情况、故障记录、维护记录等）进行归纳和学习，可以形成新的故障诊断知识，并在此基础上训练出更加高效的机器学习故障诊断算法，从而大大提高声波测井仪器故障诊断的可靠性。

（3）基于大数据的预测性故障诊断。跟目前的故障后维修和计划性维修相比，预测性维护更省时省力。根据历史数据分析得到的每类（种）测井仪器的常见故障和故障频率，在仪器生产时进行有意识的改进，在仪器每次作业前进行提前处理，从而降低故障发生的次数，可以大大减少非生产时间，从而实现降本增效。

（4）基于互联网的远程专家支持故障诊断。采用远程支持的手段，让仪器相关的多个专家进行跨空间的在线协作故障诊断，可以大大弥补现场维修人员在经验和知识方面的不足，有效地处理各种复杂疑难故障，从而降低维修成本，提高企业现场维修服务的能力。

参考文献

[1] 周东华，胡艳艳．动态系统的故障诊断技术［J］．自动化学报，2009，35（6）：748－758．

[2] 李红卫，杨东升，孙一兰，等．智能故障诊断技术研究综述与展望［J］．计算机工程与设计，2013，34（2）：632－637．

[3] 廖芳，莫钊，吴戈旻．电子产品制作工艺与实训［M］．北京：电子工业出版社，2010：188－225．

[4] 叶银忠，潘日芳，蒋慰孙．动态系统的故障检测与诊断方法（综述）［J］．信息与控制，1985，6：27－35．

[5] Moosavi S M S, Moaveni B, Moshiri B, et al. Auto-calibration and fault detection and isolation of skewed redundant accelerometers in measurement while drilling systems［J］. Sensors, 2018, 18: 702.

[6] 张登峰．动态系统的故障检测与诊断研究［D］．南京，南京理工大学，2003．

[7] Frank P M. Fault diagnosis in dynamic systems using analytical and knowledge-based redundan-

cy-a survey and some new results［J］. Automatica, 1990, 26（3）: 459 - 474.

[8] 吴军强, 梁军. 基于图论的故障诊断技术及其发展［J］. 机电工程, 2003, 20（5）: 188 - 190.

[9] Gao D, Wu C G, Zhang B K, et al. Signed directed graph and qualitative trend analysis based fault diagnosis in chemical industry［J］. Chinese Journal of Chemical Engineering, 2010, 18（2）: 265 - 276.

[10] 倪绍徐, 张裕芳, 易宏, 等. 基于故障树的智能故障诊断方法［J］. 上海交通大学学报, 2008, 42（8）: 1372 - 1376.

[11] 朱大奇, 于盛林. 基于故障树最小割集的故障诊断方法［J］. 数据采集与处理, 2002, 17（3）: 341 - 344.

[12] 姚成玉, 陈东宁, 王斌. 基于T-S故障树和贝叶斯网络的模糊可靠性评估方法［J］. 机械工程学报, 2014, 50（2）: 193 - 202.

[13] 张煜东, 吴乐南, 王水花. 专家系统发展综述［J］. 计算机工程够与应用, 2010, 46（19）: 43 - 47.

[14] 汪光阳, 胡伟莉, 张雷, 等. 专家系统及相关技术的发展［J］. 安徽工业大学学报, 2003, 21（3）: 215 - 219.

[15] Xu D L, Liu J, Yang J B, et al. Inference and learning methodology of belief-rule-based expert system for pipeline leak detection［J］. Expert Systems with Applications, 2007, 32: 103 - 113.

[16] 贾庆贤, 张迎春, 管宇, 等. 基于解析模型的非线性系统故障诊断方法综述［J］. 信息与控制, 2012, 41（3）: 356 - 364.

[17] 赵洪山, 张健平, 王桂兰, 等. 基于状态估计的风电机组液压变桨距系统故障检测［J］. 电力系统自动化, 2016, 40（22）: 100 - 105.

[18] 郭健彬, 纪丁菲, 王鑫, 等. 混杂系统粒子滤波混合状态估计及故障诊断算法［J］. 系统工程与电子技术, 2015, 37（8）: 1936 - 1942.

[19] 刘春生, 胡寿松. 一类基于状态估计的非线性系统的智能故障诊断［J］. 控制与决策, 2005, 20（5）: 557 - 561.

[20] Bagheri F, Khaloozadeh H, Abbaszadeh K. Stator fault detection in induction machines by parameter estimation using adaptive kalman filter［J］. Iranian Journal of Electrical & Electronic Engineering, 2007, 3: 72 - 81.

[21] 郑志刚, 娄伟, 胡云安. 基于等价空间残差的线性模拟电路故障检测［J］. 山东农业大学学报, 2012, 43（3）: 435 - 440.

[22] Ye H, Wang G Z, Ding S X. A new parity space approach for fault detection based on stationary

wavelet transform [J]. IEEE Transactions on Automatic Control, 2004, 49 (2): 281 – 287.

[23] 邬天骥. 基于机器学习的数据驱动故障诊断方法研究 [D]. 杭州: 浙江工业大学, 2019.

[24] 张润, 王永滨. 机器学习及其算法和发展研究 [J]. 中国传媒大学学报自然科学版, 2016, 23 (2): 10 – 19.

[25] 张绪锦, 谭剑波, 韩江洪. 基于 BP 神经网络的故障诊断方法 [J]. 系统工程理论与实践, 2002, 6: 61 – 66.

[26] 周志华. 机器学习 [M]. 北京: 清华大学出版社, 2016.

[27] 徐海祥, 黄羽韬, 余文曌. 基于无源观测器的小波神经网络故障方法 [J]. 华中科技大学学报 (自然科学版), 2020, 48 (4): 1 – 8.

[28] Wang Q. Artificial neural network and hidden space SVM for fault detection in power system [C]. 6th International Symposium on Neural Networks, 2009, Wuhan, May 26 – 29.

[29] 陈冰梅, 樊晓平, 周志明, 等. 支持向量机原理及展望 [J]. 制造业自动化, 2010, 32 (12): 136 – 138.

[30] 焦卫东, 林树森. 整体改进的基于支持向量机的故障诊断方法 [J]. 仪器仪表学报, 2015, 36 (8): 1861 – 1870.

[31] 纪洪泉, 何潇, 周东华. 基于多元统计分析的故障检测方法 [J]. 上海交通大学学报, 2015, 49 (6): 842 – 849.

[32] 朱松青, 史金飞. 状态监测与故障诊断中的主元分析法 [J]. 机床与液压, 2007, 35 (1): 241 – 243.

[33] 王金福, 李富才. 机械故障诊断的信号处理方法: 频域分析 [J]. 噪声与振动控制, 2013, 1: 173 – 180.

[34] 周小勇, 叶银忠. 小波分析在故障诊断中的应用 [J]. 控制工程, 2006, 13 (1): 70 – 73.

[35] Al-Raheem K F, Roy A, Ramachandran K P, et al. Application of the laplace-wavelet combined with ANN for rolling bearing fault diagnosis [J]. Journal of Vibration and Acoustics, 2008, 130: 051007 – 1.

[36] 张成军, 阴妍, 鲍久圣, 等. 多源信息融合故障诊断方法研究进展 [J]. 河北科技大学学报, 2014, 35 (3): 213 – 221.

[37] 吕锋, 王秀青, 杜海莲, 等. 基于信息融合技术故障诊断方法与进展 [J]. 华中科技大学学报 (自然科学版), 2009, 37: 217 – 221.

[38] Hao X L, Ju X D, Lu J Q, et al. Intelligent fault-diagnosis system for acoustic logging tool based on multi-technology fusion [J]. Sensors, 2019, 19: 3273.

第 4 章 调试诊断系统的整体设计

需求分析是设计调试诊断系统的前提和关键步骤。本章首先在声波测井仪器调试诊断需求的基础上提炼了设计调试诊断系统所需要的软硬件需求，然后介绍了调试诊断系统的整体设计思路和框架，最后介绍了系统的两个重要组成部分（嵌入式前端机和上位机控制软件）的设计方法。

第 1 节 调试诊断系统的软硬件需求分析

从声波测井仪器的调试诊断需求可以看出，在仪器组装过程中需要按照由部分到整体的顺序进行元器件、电路板、仪器短节和系统这四个级别的调试，而在仪器维修时需要按照相反顺序进行上述四个级别的诊断。此外，在声波测井仪器整个生命周期的其他阶段也需要进行多种调试诊断（比如在仪器设计和研发、测井前检查等阶段），从而保证仪器的服务质量。

从故障诊断的流程来看，信号采集和信息处理是故障诊断的前提和关键，状态识别和诊断决策是故障诊断的核心和目标。因此，设计声波测井仪器的故障诊断系统必须紧紧围绕着这四个方面展开。信号采集的基本任务是尽可能多地获取有用的系统运行信息，它更偏重于硬件设计；而其他三个方面更偏重于软件算法和诊断策略设计。因此，要设计完整的声波测井仪器调试诊断系统，需要在其调试诊断需求的基础上，考虑它的硬件组成部分和软件策略部分。

硬件需求方面，需要完成三个方面的设计：（1）搭建调试诊断系统的整体框架；（2）设计所需的各个底层功能模块；（3）设计不同级别、不同对象的调试诊断接口，这些接口可以代替不同短节或者模块的相应功能，为被测试对象提供输入并检测输出，进而实现对仪器的调试与诊断。由于调试诊断接口是多个不同的功能模块根据需要组合而成的，所以底层功能模块的设计是硬件设计中的重要内容。

软件需求方面，也需要做三个方面的工作：①采用 VHDL 语言编写各个功能模块的 FPGA 控制程序；②设计嵌入式前端机程序，承担上位机下发命令和各个功能模块间上传数据的中转传递；③设计上位机智能诊断策略和控制软件，对仪器进行选择性调试诊断。

第 2 节　系统整体设计

根据需求分析，可以将声波测井仪器智能调试诊断系统的整体设计原则概括为：①硬件上，在嵌入式、主从式架构的基础上，设计所需的功能模块并组合成不同级别、不同对象的调试诊断接口；②软件策略上，根据仪器的组成结构与工作协议，在仪器的不同位置设计不同的诊断模式和相应的仿真数据，对终端显示数据进行时频分析、归一化等处理，根据故障树思想，逐一找出故障源，进而实现基于信息融合的智能故障诊断。

图 4-1 所示是声波测井仪器调试诊断系统的整体框架图。系统主要由电源模块、继电器阵列、功能模块集、嵌入式前端机和上位机（PC 机）等部分组成。嵌入式前端机是整个系统主从式架构的核心组成部分，它以"ARM 处理器 + uCLinux 系统"为软硬件基础，完成上位机下发命令和功能模块板上传数据的中转。前端机可以通过 UART 串口和以太网两种方式与上位机通信，通过改造的 ARM 扩展 I/O 总线控制各个功能模块并进行数据交换。上位机是系统调试诊断的控制部分，它包含参数设置、网络通信、绘图显示、文件操作、数据处理、诊断策略等模块，实现对声波测井仪器不同级别、不同对象的选择性调试诊断。功能模块集是整个系统的最底层和最基础的部分，它紧紧围绕着提供输入以保证被测试对象的正常工作并采集其输出的原则进行设计，每个功能模块分别实现着总线接口转换、信号发生器、信号采集、电源管理等功能。多个功能模块通过 ARM 扩展 I/O 总线的仿 PC104 针孔结构进行堆叠式放置，一方面可以节省空间和减小系统体积，另一方面能够实现总线共享以方便控制。不同的功能模块根据测试需要，可以组合成不同级别的调试诊断接口，对仪器进行系统、短节、电路板和元器件四个级别的调试诊断。与此同时，可以随时增加新的功能模块板以满足新仪器或者新模块的测试需求。位于功能模块板和调试接口（被测对象）之

间的低压继电器阵列，利用其开关特性可以选择和控制系统与外部被测试对象间的信号通断，同时具有耦合隔离的作用和支持热插拔的优点。此外，系统内部及对外输出所需要的所有电源都是通过电源模块将220V交流电转换得到的。

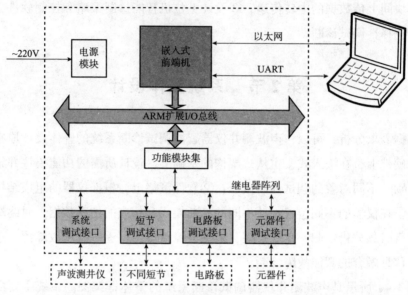

图4-1　声波测井仪器调试诊断系统的整体框架

第3节　嵌入式前端机设计

嵌入式前端机的实质是在以ARM处理器为核心的硬件平台上运行uCLinux操作系统和应用程序，从而完成相应的中转功能。本节从嵌入式前端机的硬件设计和软件设计两个方面展开介绍。

1. 嵌入式前端机硬件设计

图4-2所示为嵌入式前端机的硬件电路框图。该电路板以S3C44B0X ARM7微处理器为控制核心，在该款ARM所特有的系统总线上扩展了前端机运行所需要的存储器组合、与上位机通信的以太网模块和控制调试诊断系统底层功能模块集的扩展I/O总线等外设。此外，该电路板上还扩展了2路UART串行通信接口用于进行简单的人机交互和系统运行状态的监测，标准双排14针的JTAG接口用

于编程下载。图 4-3 所示为前端机的实物图。下面主要介绍 S3C44B0X 微处理器、存储器组合、以太网通信模块和扩展 I/O 总线这四部分。

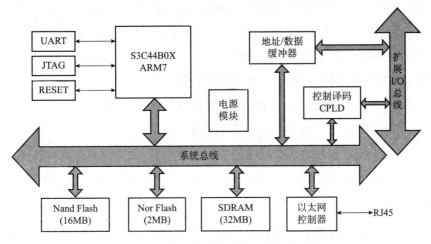

图 4-2　嵌入式前端机的硬件电路框图

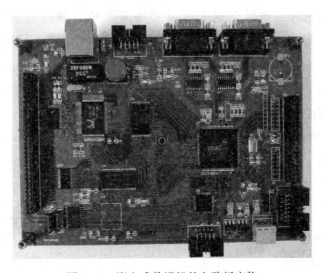

图 4-3　嵌入式前端机的电路板实物

1) S3C44B0X 微处理器

S3C44B0X 是三星公司生产的一款低功耗、高性能的微控制器。它基于 ARM 公司设计的 ARM7TDMI 内核,采用 0.25μs CMOS 工艺制造而成,使用特有的 SAMBAII 总线结构,是一款 16/32 位 RISC 处理器。为了降低系统成本,该处理器在片上集成了多种通用的外设,实现的主要功能如下:

(1) 带有一体化的 8kB Cache，可选的内部 SRAM。

(2) 支持低功耗电源管理模式，处理器最高工作频率可达到 66MHz。

(3) SAMBAII 总线结构的地址总线可以达到 24 位，数据总线可以达到 32 位。

(4) 1 个 SIO 通道，2 个带有 16 字节缓冲 FIFO 的 UART 通道。

(5) 可通过片选设置的外部存储控制器。

(6) 8 个外部中断源和 71 个通用 I/O 引脚。

(7) 1 个内部定时器、5 个 PWM 定时器和 1 个看门狗定时器。

(8) 集成了 LCD、IIC 和 IIS 总线控制器。

(9) 2 个通用 DMA 和 2 个外设用 DMA 控制器，用来提高数据传输速度。

(10) 包含了 8 路 10 位的 ADC，1 个 RTC，片上 PLL 时钟生成器。

2) 存储器组合

S3C44B0X 处理器没有集成内部存储器，所以必须按照前端机运行的存储器需求和相应控制器的使用规范进行扩展。S3C44B0X 的存储器系统支持数据存储的大小端模式选择，地址空间上可以扩展 8 个单容量可达 32MB 的存储器（ROM，SRAM 等），存储器的访问周期和数据总线的位宽度均可以编程选择。8 个存储器中（Bank0 ~ Bank7），7 个存储器的起始位置固定，1 个存储器的起始位置可以变化。使用时，存储器必须扩展到系统总线上，并将 CPU 上相应的 Bank 线连接到片选引脚上，才能完成正常的访问。

在调试诊断系统的前端机 ARM 处理器中，Bank0 上扩展了一个 2MB 的非易失性 Nor Flash（HY29LV160），用于存放前端机系统的 U-Boot 引导加载程序、uCLinux 内核和应用程序。Bank1 上扩展了一个 16MB 的非易失性 Nand Flash（K9F2808），用于保存需要掉电记忆的用户数据。Bank6 上扩展了一个 32MB 的易失性 SDRAM 作为程序运行的空间，可以大大提高系统运行的速度。

3) 以太网通信

在调试诊断系统中，前端机和上位机之间需要进行快速的双向通信以保证测试的实时性。以太网是一种高速、开放的通信接口，可以很好地满足需求。以太网使用统一的介质访问控制（MAC）地址，定义了类似 OSI 模型中的物理层（PHY）和数据链路层的相关标准。S3C44B0X 没有集成片上 MAC 控制器，可以使用集成 MAC 和 PHY 功能的以太网芯片来实现网络通信。

该设计中，使用 RTL8019AS 作为以太网的控制器，该芯片挂接在 Bank3 上，与标准的 RJ45 连接器配合形成 10Mbps 的以太网接口。RTL8019AS 是一款全双工、即插即用型的以太网控制器,内置了一个 16kB 的 SDRAM,集成了 RTL8019 内核。它符合 Ethernet Ⅱ 与 IEEE 802.3 标准,全双工收发速率可以达到 10Mb/s,拥有 16 个 I/O 基地址,支持 8/16 位数据总线操作,收发具有 LED 指示功能。

4) 扩展 I/O 总线

扩展 I/O 总线是前端机主板上 ARM 系统总线的对外延伸,是前端机与功能模块板集之间双向通信的接口。图 4-4 展示了前端机与功能电路板通过扩展 I/O 总线连接的电路框图。扩展 I/O 总线被放在 Bank4 上,CS_S、RD_S 和 WE_S 分别为前端机 ARM 存储器控制器的片选和读写控制信号,DATI 和 ADDRI 是 16 位数据和地址总线,CLK 和 RST 是前端机向各个功能模块板提供的外部时钟和复位信号,IRQ 是各个功能模块板向前端机主板发送的外部中断信号。控制译码模块通过控制 ARM 系统总线上各个从设备的片选、读写等信号,来协调各个从设备间的访问,以避免系统总线冲突。扩展 I/O 总线的所有信号在交换过程中,都需要经过 74LVT162245 芯片的缓冲。

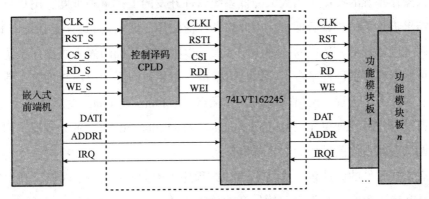

图 4-4 前端机与功能电路板间的连线

将上述信号线引出到前端机主板两侧的仿 PC104 总线连接器上,就形成了自定义的扩展 I/O 总线。这样一来,通过连接器的"针孔"结构,前端机主板不仅能够与各个功能模块板在空间上形成积木式堆叠结构(如图 4-5 所示),也可以进行双向通信。设计中,前端机给每个功能模块板分配特有的访问地址段,各功能模块板根据协议,识别出自己的有效地址后进行数据交换。S3C44B0X 通过配置 Bank4 相关寄存器的参数,可以为功能模块板集生成一个统一的片选、地址、读/写信号的操作周期和时序,从而正确访问功能模块板。

图 4-5 前端机与功能电路板之间的堆叠式结构

2. 嵌入式前端机软件设计

为了使前端机正常运行，需要在其硬件平台的基础上进行相应的软件设计。嵌入式操作系统的使用可以大大降低系统软件开发的工作量和难度，用户只需要根据需求进行移植和裁剪即可，因此得到广泛应用。嵌入式 Linux 是在标准 Linux 的基础上进行裁剪，形成的一种源码开放、以内核为基础的嵌入式操作系统。它具有可运行在多种硬件平台上、内核可裁剪、占用空间小、应用软件多、使用成本低、多任务多进程、网络功能强大等优点。uCLinux 是 Linux 发展的一个方向，它支持没有内存管理单元（Memory Management Units，MMU）的处理器，因此被用作调试诊断系统前端机的嵌入式操作系统。

嵌入式软件的设计包含移植引导加载程序 U-Boot、uCLinux 内核、开发所需的驱动和应用程序三个部分。软件开发主要在 Linux 环境中进行，并在 Windows 环境中下载到前端机中。

1）移植引导加载程序 U-Boot

U-Boot，全称为 Universal Boot Loader，它遵循 GPL 条款，是一种应用很广泛的开放源码 Bootloader，目前已成功移植到 ARM、MIPS 等多种体系结构的开发板上。在嵌入式 Linux 系统中，U-Boot 处于引导加载程序阶段，是系统上电后首先执行的代码，完成硬件设备的初始化、内存空间映射的建立、读取内核映象到 RAM 并将程序执行点跳转到内核的入口处等工作，为调用系统内核做好准备。

将通用的 U-Boot 应用到调试诊断系统的前端机中之前，必须根据前端机的实际硬件环境进行相应的移植。U-Boot 移植的步骤可以概括如下：

（1）从官网下载 U-Boot-1.1.2.tar.bz2 文件，并在 Linux 环境中解压。

（2）建立交叉编译环境。在 Linux 环境中安装 arm-elf-tools-20030314，保证 arm-elf-gcc 命令能够使用。

（3）新建文件夹并拷贝已有参考资料。在 u-boot \ board 中新建 44B0X 文件夹，拷贝与 S3C44B0X 处理器 CPU 接近的板子文件夹 u-boot \ board \ dave \ B2 中的内容。

（4）修改相应内容。根据前端机主板的硬件环境，修改 I/O 端口、串口控制台配置、CPU 主频和网络服务地址等参数。

（5）编译 U-Boot。在 Linux 环境下执行 make 命令编译，可以生成可执行的 .bin 文件。

（6）下载调试。通过 JTAG 工具将 .bin 文件下载到前端机后重新上电，在监测串口中，如果看到如图 4-6 所示的成功启动信息，就说明移植成功了。

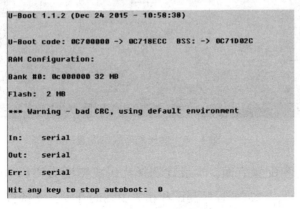

图 4-6 U-Boot 成功启动的状态显示

2）uCLinux 内核移植

uCLinux 内核源程序包含多种体系结构的核心代码、编译内核需要的头文件、初始化代码、内存管理代码、内核函数及库函数、设备驱动函数、网络和进程相关代码等内容。用户只需要在已有代码的基础上根据实际硬件环境进行移植，就可以满足需求。内核移植通过修改 uCLinux 内核源代码和定制裁剪内核来完成。由于 uCLinux 内核支持 ARM7TDMI 架构，因此调试诊断系统的前端机只需要进行板级移植。

内核源代码使用 Linux 2.4.24 版本,主要修改新增设备的设备号、中断号定义、各种存储器的空间大小和起始地址等参数、内核解压缩地址、串口以及网卡等设备的驱动程序等内容。

内核裁剪通常使用 make menuconfig 命令,以菜单界面的方式进行。启动配置后,会依次出现产品、内核、文件系统、应用程序等的配置界面。在厂家/产品选择项中,选择(Samsung)Vendor、(44B0)Samsung Products 后,进入图 4-7 所示的内核和库版本配置页。本设计中选择 Linux-2.4.x 版本的内核源代码和 uClibc 库,勾选 "Customize Kernel Settings" 和 "Customize Vender/User Settings" 后,可以进入后续的内核和应用程序配置。

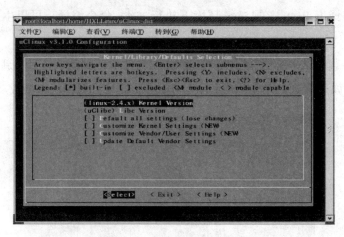

图 4-7 内核和库版本配置

在内核裁剪和配置方面,本设计选择代码成熟度为 "For develop or incomplete code/drivers",以方便程序测试和相关驱动的开发,支持自动加载模块。系统类型选择三星 ARM 的 S3C44B0X 并配置正确的 SDRAM 和 FLASH 地址(如图 4-8 所示),支持热插拔设备、进程、socket 和 TCP/IP 网络通信、10M/100M 以太网设备和串口控制台。

内核裁剪后编译生成的 uImage 内核镜像文件只有 1MB 左右。使用 TFTP 方式可以很快地将内核下载到 ARM 硬件系统中,下载流程如下:

(1)查看服务器 IP,设置 PC 机的 IP。当 Uboot 启动后,使用 printenv 命令查看环境变量,其中 serverip = 192.168.0.10 表示需要将 PC 机的 IP 地址设为 192.168.0.10。

图 4-8　系统类型配置界面

（2）准备 TFTP 下载环境。下载并安装 tftpd32.exe 软件，将 PC 机 IP 设置好后，打开该软件，可以显示服务器 IP。修改当前路径，并将需要下载的文件放到该目录下。

（3）在 DNW 串口界面中，依次键入以下命令：

#protect offallmake

#erase 20000 1fffff

#tftp c300000 uImage

#cp.b c300000 20000 文件大小

其中 cp.b 命令是将 SRAM 中 0xc300000 地址处起始的数据拷贝到 flash 的 0x20000 地址起始处的存储区中，文件大小是 TFTP 传输结束时显示的用 16 进制数表示的文件大小。

需要注意的是，下载时需要关闭无线网络和杀毒软件等使用网络的应用软件，以防止 TFTP 下载受影响。下载完成后给前端机重新上电，可以在串口显示器中看到如图 4-9 所示的 "Welcome to uCLinux" 欢迎画面，表明移植的内核可以正常运行。

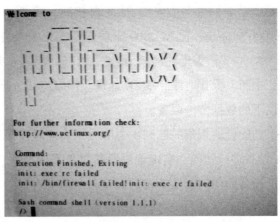

图 4-9　uCLinux 内核正常运行的显示

3) 驱动和应用程序开发

应用程序是嵌入式前端机中能够直接反映用户个性化需求和设计的部分。驱动程序通过定义相关的读写接口来访问硬件设备，将用户软件和硬件分离开，如图4-10所示。对应用程序来说，硬件相当于"黑匣子"，它必须依靠驱动程序中的接口函数来操作硬件。通常情况下，为了便于管理，驱动程序放在内核文件的drivers目录下。驱动程序和应用程序一般在Linux环境下开发，并和内核一块编译，形成可执行文件。开源的Linux系统已经提供了大多数设备的驱动程序，用户只需进行裁剪和移植即可实现设备的访问，只有少数需要重新开发。在调试诊断系统中，应用程序主要由人机交互和功能模块板集两部分组成。

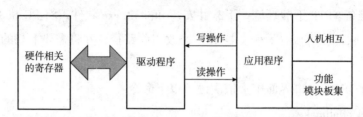

图4-10 驱动和应用程序的关系

人机交互方面，内核定制的UART串口控制台负责系统运行状态的监视和简单的人机交互，而以太网负责进行大量数据的快速传输。Linux中网络系统主要基于BSD UNIX的套接字（socket）机制。由于RTL8019AS芯片符合NE2000标准，因此可以移植NE2000设备的驱动程序来完成其驱动程序的开发。移植过程需要做以下两步：首先，配置内核时，需要在Ethernet支持中选择NE2000/NE1000 support，使NE2000驱动程序的相关文件 drivers \ net \ ne.c 和 drivers \ net \ 8390.c 被编译到内核中；然后，修改ne.c文件，设置网卡设备的基地址空间、中断、操作时序和MAC地址。网络应用程序中，使用流套接字进行TCP/IP协议下的数据传输服务。

功能模块板集的控制主要依赖于系统对挂接在前端机扩展I/O总线上的FPGA设备进行访问，实现着对诊断对象不同层次、不同内容的测试。扩展I/O总线上设备的访问实质上就是对设备对应的存储空间地址进行读写操作。设计中，根据不同设备访问时需要的数据宽度，定义了以下4个函数，可以实现字节和字设备的读写访问。其中，output_w(v, a) 函数是向内存a地址处写入字数据v,

其他函数的定义类似。在调试诊断系统中，前端机对所有功能模块板的驱动和访问程序都是在这 4 个函数的基础上进行的扩展，比如 CAN 总线、RS485 及其他模块。

```
#define outputw(v, a)    (*(volatile unsigned short *)(a) = (v))    //写字数据
#define inputw(a)        (*(volatile unsigned short *)(a))          //从 a 地址处读字数据
#define outputb(v, a)    (*(volatile unsigned char *)(a) = (v))     //写字节数据
#define inputb(a)        (*(volatile unsigned char *)(a))           //从 a 地址读字节数据
```

第 4 节　上位机软件设计

上位机（PC 机）软件架构一般由底层的传输驱动层、中层的内核层和顶层的应用层三层组成。调试诊断系统的上位机软件主要包括网络通信模块、参数设置模块、绘图和文件操作模块、数据处理模块、故障诊断策略设计等几部分。目前的 Windows 系统对以太网和 UART 串口的支持很成熟，不需要开发相应的驱动程序，因此上位机软件的设计工作主要集中在应用层。本设计中的上位机软件是在 VS2010 平台上、基于多文档的 MFC 应用程序框架设计的。这样设计的好处是模块化好，方便后续扩展和支持新仪器的调试诊断功能。下面是上位机软件中几个主要部分的详细介绍。

1. 网络通信模块

在 Windows 环境中，Socket 是一种较容易实现的网络程序，它通过访问网络通信协议而连接网络驱动程序和应用程序。常用的 Socket 模式有阻塞模式和非阻塞方式两种，I/O 开发模型有 Select 模型、WSAEventSelect 模型、重叠 I/O 模型、WSAAsyncSelect 模型和完成端口模型 5 种。完成端口既不是事件通知，也不是完成例程，它是一种 Win32 核心对象的异步模型，它以重叠 I/O 机制为基础，通过指定线程为重叠 I/O 提供服务。图 4-11 所示的基于该模型的数据接收操作可以看出它的工作原理和流程。应用程序线程发出 I/O 请求后，继续做其他工作。重叠 I/O 操作在后台进行，完成后给应用程序发送通知以方便应用程序做后续处理。

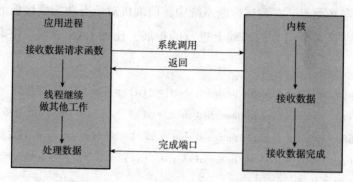

图 4-11　完成端口模型下接收数据的流程

本设计中,使用完成端口模型,设计了基于 TCP/IP 协议流式套接字和客户端/服务器模式(Client/Server,C/S)的上位机网络应用程序,实现了面向连接的可靠数据传输。在该 C/S 模式中,基于 Windows Socket 设计网络的上位机为客户端,而基于 Linux Socket 设计网络的前端机为服务器。图 4-12 所示是完成端口模型套接字应用程序的实现步骤,具体介绍如下:

(1) 创建完成端口。通过 CreateIoCompletionPort ( ) 函数可以创建完成端口对象并通知系统。

(2) 创建服务线程和套接字。通过 GetSystemInfo ( ) 函数可以获取计算机 CPU 的数量,通过 CreateThread ( ) 函数创建服务线程。此时,应用程序将完成例程作为线程参数传递给服务线程。通过 WSASocket ( ) 函数可以创建 Windows 下的套接字。

(3) 套接字与完成端口关联。通过 CreateIoCompletionPort ( ) 函数将创建的套接字句柄和完成端口句柄关联起来,并指定信息传递的数据结构。调用该函数就意味着通知系统,当一个 I/O 操作完成后,向完成端口发送一个 I/O 完成通知包。

(4) 将套接字绑定本地 IP 并置于监听状态。通过 bind ( ) 函数将套接字绑定本地 IP,通过 listen ( ) 函数将其置于监听状态。

(5) 发起重叠 I/O 操作。通过调用 WSASend ( ) 和 WSARecv ( ) 函数实现数据的发送和接收,从而启动 I/O 操作。

(6) 服务线程等待 I/O 操作完成。服务线程一直使用 GetQueuedCompletionStatus ( ) 函数查询 I/O 操作的状态。当 I/O 操作完成后,该函数返回通知包,通知包包含传输的字节数、完成键和重叠结构等信息。

(7) 客户端进行后续操作。当数据传输完成后,客户端服务进程进行消息传递和数据处理等其他操作，以保证整个上位机控制软件的有序运行。

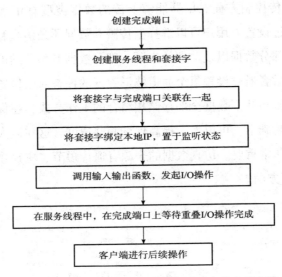

图4-12 完成端口模型套接字应用程序的实现步骤

2. 参数设置模块

通过上位机软件的参数设置功能，用户可以实现仪器的选择性调试和隔离式诊断。仪器的CAN总线工作协议是参数设置模块软件设计的基础。图4-13是设计的上位机参数设置界面，用户可以进行以下几个方面的设置：

（1）发射器方面。通过勾选发射使能控制模块的使能选项，选择上部单极子换能器、下部单极子换能器、偶极X换能器和偶极Y换能器的一个或者几个是否工作；根据实验测试需求，设置单极子换能器和偶极子换能器的激励脉冲宽度；设置上部单极子和下部单极子换能器线性相控激励、定向聚能辐射工作的延迟时间。

（2）接收器方面。利用不同位置周向处的接收换能器信号，可以合成方位、单极子、偶极子、四极子和相控圆弧等接收模式下的采集波形，其中方位接收和偶极子接收是三维声波测井中较常用的两种工作模式。软件可以设置这两种工作模式的采样深度（每个通道在一个工作周期内采集声波测井信号需要进行AD转换的次数）、采样间隔（每两次AD转换之间间隔的时间）和增益方式。增益参数既可以采用井下自动增益模式的方式进行设置，也可以手动选择10个站的增益。增益设置可选范围为0~84dB，以6dB（2倍）为步进。

（3）数据上传控制方面。仪器能够上传的数据类型有正常的测井数据和仿真数据两种。通过设置，用户可以选择上传测井数据还是仿真数据，可以选择上传全部数据还是部分数据以及数据的来源。部分数据有部分站的数据和全部站的部分数据两种，后者通过设置每个通道波形数据的抽查起始位置和抽查长度来实现。部分数据上传与井下数据全部存储相结合的工作方式，在保证测井数据完整性和实时监测的基础上，可以大大提高现场测井速度，这在以大数据量为特征的三维声波测井中非常重要。仿真数据的来源有遥传短节、主控短节、接收控制节点和ADC输出等方面。

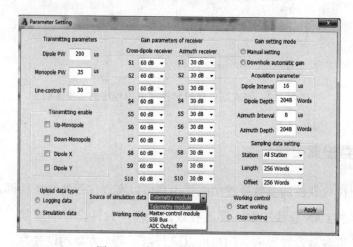

图4-13　上位机参数设置界面

实际调试诊断时，该参数界面可以对整串仪器或者仪器的某一部分进行测试。对仪器整体的调试和诊断主要依靠故障诊断策略，依次读取不同位置处的预设模拟数据，逐步定位故障的位置。发射声系的测试主要是选中相应换能器进行激励工作，听声音是否正常或者测试激励波形。接收声系的测试主要是观察不同采集通道的一致性。主控短节的总线测试也是依靠上传的仿真数据来判断其是否正常工作。

3. 绘图和文件操作模块

图形是数据的直观显示方式，文件是数据存储的载体。绘图和文件操作是上位机软件的两种基础功能，二者的结合之处在于通过图形化的方式按照时间顺序回放记录的数据文件,可以大概检查数据质量,回看仪器的历史工作状况。

1) 绘图模块

绘图模块可以展示数据的原始状态和经过处理后的结果等多种内容,为仪器的数据采集和状态监控提供图形化接口,在系统与用户的沟通中起着重要的桥梁作用。

设计中,将绘图相关的变量和函数封装成一个类(一个.h文件和一个.c文件),外部通过调用该类的公用函数即可实现绘图操作。本系统中任何复杂的绘图功能都是通过绘图基本元素和基本操作进行各种组合来完成的。绘图的基本元素是绘图区、坐标轴、网格线、刻度、数据曲线和标签。绘图的基本操作是使用不同类型、粗细和颜色的画笔,通过 MoveTo 和 LineTo 两个函数进行连点成线的操作。本设计采用位图的方式进行绘图操作。

为了避免大数据情况下频繁的绘图操作带来的图像闪烁现象,本设计中使用内存绘图的方式代替直接在绘图区进行绘制的方法。具体操作步骤如下:

(1) 先获取应用程序客户区绘图区的尺寸参数。

(2) 创建与目标 DC 兼容的内存 DC。

(3) 创建位图并放入内存 DC。

(4) 在内存 DC 中进行数据的绘图。

(5) 使用 BitBlt 函数将内存绘图的内容拷贝到应用程序的绘图区中。

(6) 删除位图和内存绘图设备对象。

2) 文件操作

将测试数据保存成文件,便于后续分析与处理。从应用层面上讲,与文件相关的操作主要有文件结构设计、文件的读写和文件回看三个部分。

文件结构设计就是设计文件包含的内容和数据在文件中的存储顺序,以便进行回放和处理。为了能够调试不同的测井设备,设计统一的测试文件结构是非常必要的。标准的测试文件由文件头、数据寻址区和数据体三个部分组成。文件头一般记录测试的现场情况,比如测试设备号、测试时间与地点、测试深度等内容。数据寻址区存放不同数据块的起始地址,便于文件回放时进行快速寻址。数据体由多个数据块组成,每个数据块为不同测试条件下的数据。

文件的读写是进行各种复杂文件操作的基础。通过 C 语言中常用的文件操作函数（fopen，fclose，fscanf，fprintf等）可以实现文件的读写操作。测井数据一般有文本方式和二进制方式两种存储形式，其中前者直观便于阅读，后者节省存储空间。针对成像测井大数据量（大于4GB）的Windows下存储，可以采用内存映射文件的方式进行文件操作，一方面可以提高执行效率，另一方面可以操作大于4GB的单文件。

　　文件的回看是指通过查看文件中保存的数据来检查数据的质量和观察仪器的历史工作状况。测井化回放和UltraEdit软件查看原始数据是两种常用的测试文件回看方式。测井化回放是调试诊断系统依次读取文件的内容，按照规定的文件结构和工作协议反解码出相关信息和过程数据，使上位机重现测试的原始过程。该回放过程可以采用快进方式进行，大大节省回看时间。使用UltraEdit软件可以以十六进制数据的格式查看文件的全部原始数据（如图4-14所示）。采用这种方式追踪关键数据的变化，从而发现系统存在的问题，是非常有效的。该方法对仪器研发者在开发新模块尤其是数据传输方面，是非常有用的。

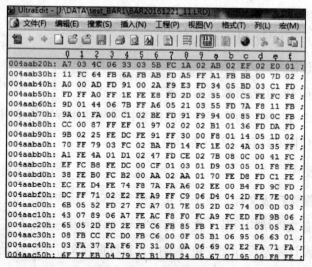

图4-14　使用UltraEdit工具查看十六进制原始数据

4. 数据处理模块

　　数据处理是指对上传到调试诊断系统的原始数据进行分析和处理，以获得被测试对象更深入、更本质的特征，为调试诊断提供依据。数据处理方法在仪器研发过程中的板级测试和元器件测试层次上尤为重要。目前,调试诊断系统在该方面的支持比较弱,大部分的数据处理工作独立于系统进行,后续需要为调试诊断系统增加更多的数据处理功能,提高系统调试诊断的自动化程度和科学性。

声波测井仪器中不同的组成部件(短节、电路板和元器件)有不同的数据处理方法。因此,可以添加到调试诊断系统的数据处理方法有时域波形法(形态、峰值、周期等)、频谱分析法(频带范围、主频、能量分布等)、滤波法(均值、均方根等)、峰值检测法、首波到时法、相敏检测法(幅度和相位)、归一化法、扫频法、负载法、实时错误累计法、互相关算法以及仪器姿态(井斜角、方位角和工具面角)解算及优化算法等。

新型的相控圆弧阵接收方式要求同一位置处周向的 8 个接收通道具有很好的一致性(幅度和相位)。相敏检测法通过提取各个模拟通道的幅度和相位信息,评价它们的一致性并进行校正。假设输入模拟处理板的信号 $d(t)$ 为式(4-1)所示的余弦信号(A 为幅度,φ 为初始相位,d 为偏移量),时间采样周期为 T,经过傅里叶变换后可以得到式(4-2)。

$$d(t) = A\cos(w_i t - \varphi) + d \qquad (4-1)$$

$$F(w) = \int_0^T d(t)e^{-jwt}dt = \int_0^T d(t)\cos wt dt - j\int_0^T d(t)\sin wt dt \qquad (4-2)$$

若每个周期的采样点数为 N,那么上式可以离散成式(4-3)的实部和式(4-4)的虚部,

$$R = \sum_{n=1}^{N} d(\Delta Tn)\cos(w_i \Delta Tn)\Delta T = \frac{\Delta TN}{2}A\cos\varphi \qquad (4-3)$$

$$X = \sum_{n=1}^{N} d(\Delta Tn)\sin(w_i \Delta Tn)\Delta T = \frac{\Delta TN}{2}A\sin\varphi \qquad (4-4)$$

进而可以变换得到式(4-5)和式(4-6)[式中,$d(n)$ 为第 n 个采集数据],计算出幅度 A 和初相位 φ,从而进行模拟通道的一致性评价和校正。

$$A\sin\varphi = \frac{2}{N}\sum_{n=1}^{N} d(n)\sin(w_i \Delta Tn) \qquad (4-5)$$

$$A\cos\varphi = \frac{2}{N}\sum_{n=1}^{N} d(n)\cos(w_i \Delta Tn) \qquad (4-6)$$

5. 故障诊断策略

故障诊断策略属于诊断和决策层次,位于故障诊断流程的下游,主要在上位

机软件中实现。本书从仪器研发者的角度出发，在充分分析仪器的硬件组成结构和各层次工作协议的基础上，设计了融合数据驱动、故障树等多种故障诊断方法的上位机智能诊断策略，用于确认仪器不同层次、不同对象的故障。为了提高调试诊断系统的自动化和智能化，需要添加更多的故障诊断策略到系统中。与此同时，通过增加自诊断的程序和功能，可以大大简化调试诊断的工作。

以采集波形发生全局性异常为例，介绍该系统中故障诊断策略的设计方法。图 4-15 是该故障智能诊断的流程图，该策略主要依据图 3-8 所示的采集数据在仪器工作时的流动路径，使用故障树思想和数据驱动的方法设计的。仪器研发时，在不同模块处（短节、电路板、器件输出处等）增加了多种诊断模式和相应的仿真数据，可以实现数据采集流程的自动诊断。启动智能诊断后，上位机软件按照"二分法"的思想，先上传主控短节中（M3）的采集仿真数据来判断故障发生在 M3 的上游模块还是下游模块，然后根据判断结果进一步选择上传 M2（SSB 总线、ADC 模块输出）、M4、M5 等模块中的仿真数据，逐级搜索并定位故障的位置。

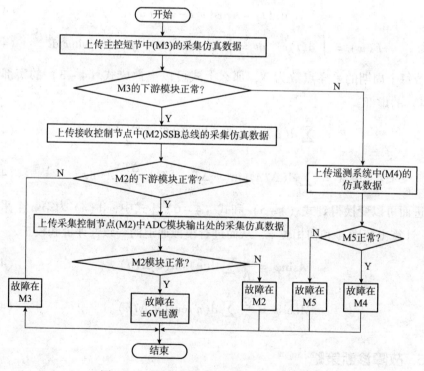

图 4-15 采集波形异常的故障诊断流程图

参考文献

[1] 郝小龙. 基于嵌入式技术的测井仪调试台架通用硬件系统研究 [D]. 北京：中国石油大学（北京），2017.

[2] PC/104 Embedded Consortium. PC/104 – Plus Specification [M]. Version 2.0. San Francisco：PC/104 Embedded Consortium, 2003：8 – 11.

[3] 门百永. 基于嵌入式技术的阵列感应测井仪调试台架研究 [D]. 北京：中国石油大学（北京），2011.

[4] 李岩, 荣盘祥. 基于S3C44B0X嵌入式uCLinux系统原理及应用 [M]. 北京：清华大学出版社, 2005：115 – 120.

[5] Samsung Electronics. S3C44B0X RISC MICROPROCESSOR [DB/OL]. Korea：Samsung Electronics, 2002.

[6] 刘淼. 嵌入式系统接口设计与Linux驱动程序开发 [M]. 北京：北京航空航天大学出版社, 2006：328 – 349.

[7] 向志军. U-Boot在S3C44B0上的移植 [J]. 科技情报开发与经济, 2010, 20（4）：108 – 109.

[8] 胡伟松. 基于S3C44B0X和uCLinux的嵌入式系统的设计与实现 [D]. 武汉：武汉理工大学, 2006：37 – 55.

[9] REALTEK SEMICONDUCTOR CO., LTD. RTL8019AS Realtek Full-Duplex Ethernet Controller with Plug and Play Function (RealPNP) [DB/OL]. REALTEK SEMICONDUCTOR CO., TAIWAN, 2005.

[10] 吴文河, 鞠晓东, 成向阳, 等. 基于uCLinux的测井仪器调试台架前端机软件设计 [J]. 中国石油大学学报（自然科学版）, 2011, 35（3）：63 – 67.

[11] 孙鑫, 余安萍. VC + +深入详解 [M]. 北京：电子工业出版社, 2006.

[12] 孙海民. 精通Windows Sockets网络开发：基于Visual C + +实现 [M]. 北京：人民邮电出版社, 2008：392 – 407.

[13] 幺永超. 基于嵌入式技术的测井仪器调试台架通用软件系统研究 [D]. 北京：中国石油大学（北京），2017.

[14] 李杨, 徐洁, 王春海. VC + +高效无闪烁绘制大数据量图形 [J]. 电脑编程技巧与维护, 2014（2）：24 – 26.

[15] Lu J Q, Ju X D, Men B Y, et al. A Board Level Test System for the Multi-pole Array Acoustic Logging Tool [C]. The 2014 7th International Congress on Image and Signal Processing, 2014, Dalian, 928 – 932.

第5章 调试诊断系统的功能模块设计

从调试诊断系统的软硬件需求分析可以看出，各个功能模块板是系统最底层的组成部分，能够体现声波测井仪器调试诊断的需求。总的来说，功能模块板集包含井下通信总线、信号发生和采集、特殊元器件测试、电源管理等类型的电路板。本章从功能模块的控制器选择开始，分类逐一介绍各个功能模块。值得注意的是，由于采用共享扩展 I/O 总线的架构设计，用户可以在不改变现有框架、不影响现有功能的情况下，随时设计新的功能模块板来扩展调试诊断系统的用途，以满足新的测试需求。

第1节 功能模块的控制器选择

在每个功能模块电路板中，核心控制器的作用是无可替代的，它一方面负责本模块与嵌入式前端机的总线通信，另一方面组织外围器件实现特定的功能。选择功能模块电路板的控制器有三个原则：一是尽可能选择通用的芯片，以满足绝大多数功能模块电路板的控制器需求；二是基于控制器设计的各个功能模块与嵌入式前端机的通信尽可能简单而且相互之间不冲突；三是尽可能跟井下仪器实际使用的器件相同。满足上述条件后，大多数功能模块板的开发设计都能够通过移植来完成大部分工作，可以大大节省设计开发时间。与此同时，稳定的开发框架更加有利于系统的升级和功能扩展。

相比于单片机和 DSP 处理器，FPGA 内部没有 CPU，也没有片上外设。芯片的 I/O 引脚数目众多而且地位平等，均未分配给固定的外设。这种开放式的控制器给用户开发提供了很大的灵活性和通用性。因此，在调试诊断系统中，除了少数功能模块板以单片机或者 DSP 为控制器外，所有功能模块电路板的控制核心均为 EP2C20Q240C8N。

EP2C20Q240C8N 属于 Cyclone II 系列，该款 FPGA 具有以下特点：

(1) 支持 Nios Ⅱ 系统，可实现低成本、高性能的嵌入式解决方案。

(2) 提供部分现成的数字信号处理 IP 核，并可以使用 MATLAB 工具进行协同开发，支持低成本数字信号处理（Digital signal processing，DSP）的解决方案。

(3) 资源丰富。逻辑单元有 18752 个，M4K 的内部 RAM 有 52 个且输入输出端口可以配置，用户 I/O 引脚有 142 个，嵌入式乘法器有 26 个。

(4) 先进的 I/O 管理。支持高速差分 I/O 标准（LVDS 等）、多种电平的单端信号，兼容 PCI 总线，通过 IP 核支持高速外部存储器，输出方式、输出延迟和驱动能力可编程，支持热插拔。

(5) 时钟管理成熟，有 4 个时钟锁相环和 10 多条全局时钟线，时钟运行频率最高可达 200MHz 以上。

(6) IP 核资源丰富。包括 DSP 功能、外设接口、通信功能等。

(7) 支持多种配置模式，如 JTAG、AS 和 PS 等。

正因为该款 FPGA 有上述优点，所以它能够很好地满足现阶段所有功能模块对控制器的需求。该 FPGA 不仅容易与前端机 ARM 系统实现总线通信，而且凭借其强大的资源和嵌入式处理能力，升级空间很大。比如，将 Nios Ⅱ 系统嵌入到功能模块板的 FPGA 中，进行复杂功能的本地化处理，然后与前端机系统形成分布式系统，进而提高调试诊断系统的性能。

第 2 节 井下通信总线模块设计

随着电子信息科技的发展，总线技术广泛应用于各种设备的硬件系统中，在声波测井仪器中亦是如此。仪器的不同短节、不同电路板之间通过不同类型的总线被联系起来，有些模块或者元器件就是通过 SPI、I2C 等总线接口的形式访问的。因此，测试仪器井下通信总线模块是调试诊断系统的重要内容，必须设计相应的功能模块。

1. 扩展 I/O 总线译码模块

扩展 I/O 总线是各个功能模块板和嵌入式前端机之间的公用通信通道，其中前端机为通信的主端，各个功能模块为从端。前文中的图 4-4 是该主从式信道的硬件连线图，主端通过配置 ARM 处理器的外部存储器管理时序来进行扩展

I/O 总线的读写操作，进而实现对各功能模块板的访问和控制。各个功能模块作为扩展 I/O 总线上的从设备，受控于前端机，只能先对主端的读写操作进行译码，然后执行相关操作。为了便于各个功能模块板的地址管理和功能扩展，前端机需要给每个功能模块板分配固定的有效地址和保留地址范围。

  功能模块电路板的扩展 I/O 总线译码模块在 FPGA 控制器中实现，它是基于主端 ARM 的系统总线的操作时序设计的。表 5-1 展示了该模块的译码操作对应表，只有当输入的片选（XZCS）、读写使能（RD 和 WE）和地址（XADDR）等控制信号严格有效时，FPGA 才进行有效的译码并执行相应的操作。译码模块的所有操作只有当片选信号为低电平时才有效，高电平时无效（如表中类型 4 所示）。译码操作主要有三种类型。第一类如表中类型 1 所示，只要地址有效，就进行操作，主从端不进行数据交换。第二类是读使能有效时的操作（如表中类型 2 所示），包括读取状态和测试数据。前端机通常给每个功能模块电路板分配一个地址用于读取该电路板上各模块的状态。由于 16 位总线数据的每 1 位都可以作为一个状态位，所以一个读操作地址最多可以读取 16 种模块的状态。当执行读状态时，所有状态标志变量给总线数据变量 XDAT 按位进行赋值。当执行读测试数据操作时，译码模块将 16 位数据放到总线上。第三类是写使能有效时的操作（如表中类型 3 所示）。在该状态下，FPGA 译码模块首先在 WE 信号的上升沿读取稳定的总线数据 XDAT 并保存到相关变量中，然后驱动相关模块开始工作。图 5-1 是该模块的仿真图。

表 5-1 FPGA 端扩展 I/O 总线译码操作表

类型	XZCS	RD	WE	XADDR	执行操作
1	L	—	—	addr1	Req1 <= '1'
1	L	—	—	其他	Req1 <= '0'
2	L	L	—	addr2	XDAT（!） <= flag_i
2	L	L	—	addr3	XDAT <= DATout
2	L	L	—	其他	XDAT <= (others) => 'Z'
3	L	H	↑	addr4	DATin <= XDAT (7 DOWNTO 0) XDAT <= (others => 'Z'), Req2 <= '1'
3	L	H	↑	addr5	DATin <= (others => 'Z'), Req2 <= '1' XDAT <= (others => 'Z')
3	L	H	↑	其他	XDAT <= (others => 'Z')
4	H	—	—		XDAT <= (others => 'Z')

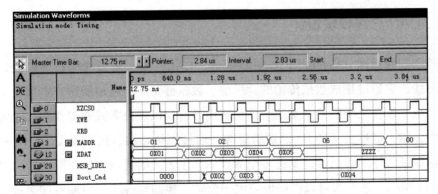

图 5-1 扩展 I/O 总线译码模块仿真图

多个器件共享 I/O 数据总线时，避免总线冲突是必须考虑的问题。本设计中主要从两个方面进行解决：一方面，前端机通过 XZCS、RD、WE 和 XADDR 的不同组合来与特定的功能模块板进行交互操作；另一方面，各个功能板中的扩展 I/O 总线译码模块均采用基于三态门的多开关双向总线缓冲器进行设计。图 5-2 所示是单一开关（en）双向总线缓冲器的示意图和真值表。根据 8 值逻辑系统真值表，当多个输出都连接到同一节点时，节点的电平值由各个输出的电平值和它们的驱动能力决定，任意电平和高阻态"Z"相与后仍为该电平。因此，设计中将 16 位数据总线（XDAT）定义成 STD_LOGIC_VECTOR 类型，使用 XZCS、RD、WE 和 XADDR 等信号作为每个模块板中扩展 I/O 总线缓冲器的使能信号，其中 WE 和 RD 类似于 dir，是方向控制信号。只要前端机没有对当前模块板进行总线操作（所有使能信号均有效），那么该板就给总线赋值如表 5-1 所示的高阻态，就可以保证该模块不影响扩展 I/O 总线的状态。

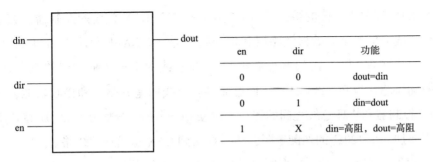

图 5-2 双向总线缓冲器示意图及真值表

2. CAN 总线模块设计

控制器局域网（Controller Area Network，CAN）是一种基于串行通信协议的现场总线，它通过集成数据传输的物理层、数据链路层与应用层这三个层次的功能，实现了设备之间的信息交换。该总线信号通常以差分方式在双绞线、光缆等介质中传输，通过报文的 ID 识别消息源，通过短帧传输、错误重发、CRC 校验等方法保证传输的可靠性，支持多个节点、多主方式的通信，短距离通信速率可以达到 1Mbps。该总线可以很好地应用于分布式控制系统中，目前有些微控制器已带有 CAN 总线模块。

在传统的声波测井仪器中，CAN 总线是主控短节和遥测短节之间传输命令和数据的唯一通道。在三维声波测井仪器中，为了提高测井速度，主控短节和遥测短节通过"CAN + RS485"的双总线结构进行通信，其中 CAN 总线主要负责命令和小数据帧的传输，而 RS485 总线作为专用的数据上传快速通道。因此，为了对除遥测短节以外的仪器串进行整体调试，需要设计带有 CAN 总线节点功能的电路板，代替遥测短节的功能，与声波测井仪器进行通信。

图 5-3 是设计的 CAN 总线模块原理框图，其中 CAN 总线控制器 SJA1000 是关键部件。该控制器的 8 位地址总线和数据总线复用，与扩展 I/O 总线的 16 位数据总线和 16 位地址总线分开的结构不同，二者不能直接连接。因此，本设计选用 FPGA 作为 CAN 总线模块的主控制器，通过构造该芯片所需要的时序（CS、RD、WE 等组合）对其进行读写访问操作。由于每个 FPGA 中都设计扩展 I/O 总线译码模块，所以它可以很好地承担中间桥梁的作用，实现 ARM 扩展 I/O 总线数据和 CAN 控制器数据的格式转换。SJA1000 作为 CAN 总线的控制器，为本节点提供总线通信所需的数据链路层和物理层功能。FPGA 中设计的 SJA1000 访问接口，可以实现 FPGA 内的并行数据和 CAN 总线的串行数据之间的双向转换。总线驱动器芯片为 PCA82C250T，通过提供对总线的差分驱动和接收功能，实现了 CAN 控制器和物理总线之间的接口。驱动器输出的差分信号 CAN_H 和 CAN_L 之间需要加一个 120Ω 的匹配电阻，然后挂接到 CAN 总线物理线路上。为了实现 SJA1000 的 5V 信号和 FPGA 的 3.3V 信号之间的电平转换，二者之间加了一个数据驱动器，在兼容电平的同时保护元器件的安全。为了防止总线信号与电路板上其他模块间的干扰，设计中在驱动器和控制器之间增加了光耦隔离模块。

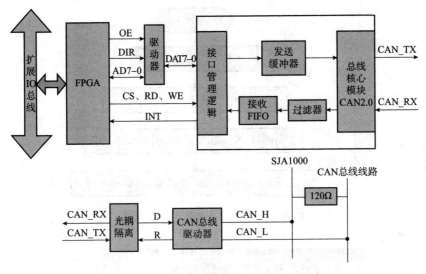

图 5－3　CAN 总线模块的原理框图

　　SJA1000 是一种 I/O 设备基于内存编址的控制器，主要包含接口管理逻辑、发送缓冲器、总线核心模块 CAN2.0、接收 FIFO 和过滤器等模块，其中接口管理逻辑模块接收来自主控制器 FPGA 的命令并控制 CAN 寄存器的寻址和相应操作，过滤器主要进行消息 ID 的比较以决定是否接收信息到接收 FIFO 中。控制器的发送缓冲区为 13 字节，接收 FIFO 缓冲区为 64 字节。芯片工作时钟为 24MHz，有 32 个寄存器，在 BasicCAN 模式下标准帧报文的 ID 标识符为 11 位，每个数据帧中有 8 个字节的数据域。图 5－4 所示是该模块的工作流程，一上电，模块首先进行 ID、收发字节数、波特率等参数的初始化设置，然后接收、译码来自扩展 I/O 总线的命令，按照双总线架构的协议执行命令发送或者数据上传操作。当一包数据通过 RS485 传输完毕后，该模块会收到相应的校验和，这时需要向前端机发出读数据请求。前端机读取完该包数据并校验后，决定是否重传该包数据，判断当前工作周期的数据是否传输完毕以及做出进一步的操作。

　　CAN 总线模块设计完成后，可以使用 CAN－USB 总线适配器作为一个 CAN 总线节点，借助 CANalyst 工具对其测试，图 5－5 是测试界面图。测试时，需要设置两端一致的波特率和帧格式、帧 ID 和帧数据等内容。软件上可以显示当前 CAN 节点发送和接收的所有消息，具体信息有时间、传输方向、靠右对齐的帧 ID、帧格式与帧类型、数据长度和具体数据。接收和发送功能测试正常，表明该模块设计成功。

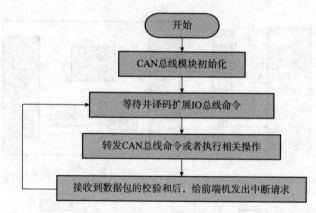

图 5-4 CAN 总线模块的工作流程

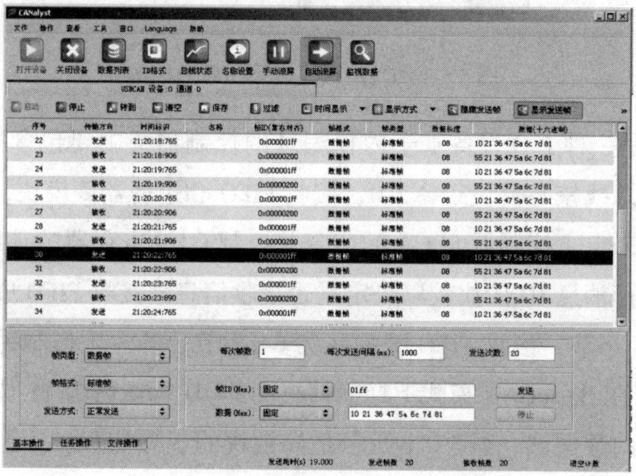

图 5-5 CAN 总线模块测试界面

3. RS485 总线模块设计

RS485 总线是一种半双工的串行通信方式,它通过平衡驱动和差分接收的方式进行信息传输。该总线在三维声波测井仪器中与 CAN 总线配合形成双总线结构,代替传统的单一 CAN 总线通信方式,成为遥测短节和主控短节之间的快速信道,大大提高了二者之间的数据传输速度,进而提高了测井效率。在双总线结构中,RS485 作为数据快速传输的专用通道,以 FPGA 和 DSP 为发送端和接收端的控制器,传输速度可以达到 6Mbps。此外,在随钻声波测井仪中,该总线也被用来实现模块间短距离、小数据量和中低速的可靠通信。因此,调试诊断系统中需要设计一个可调波特率的 RS485 总线节点,以实现相应的调试诊断工作。

RS485 总线支持多节点通信,它所支持的正电平范围为 2~6V,负电平为 -2~6V,与 TTL 电平兼容。图 5-6 所示是一款 RS485 总线的驱动器及其收发功能表,每个节点处的驱动使能控制信号(DE)控制发送驱动器与总线的通断,当没有数据需要发送时,驱动器输出为高阻态,保证该节点的输出不影响总线电平。使用时,通常需要在总线的首尾两端加 120Ω 的匹配电阻来防止信号反射。由于 RS485 总线与 RS232 总线均为串行方式,数据传输格式也相同,只是接口电平、波特率和信号的单端/差分方式不同,因此,两种接口在 FPGA 内部实现所需要的功能模块也相同,只需要调整波特率发生模块即可。下面以 RS485 发送模块为例介绍设计的方法。

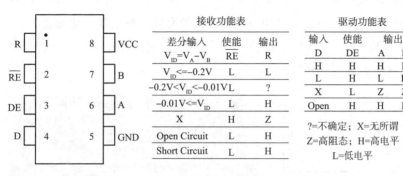

图 5-6 RS485 总线驱动器及其收发功能表

图 5-7 所示为 RS485 总线发送模块的原理框图,包含复位、FIFO 读写、串行发送、RS485 驱动等模块,其中虚线框内的模块在 FPGA 内部实现。整个 RS485 总线发送模块的功能是识别扩展 I/O 总线上的命令和数据,然后将数据无间断地串行传递到 RS485 驱动器处,然后转换成差分信号发送出去。FIFO 写控

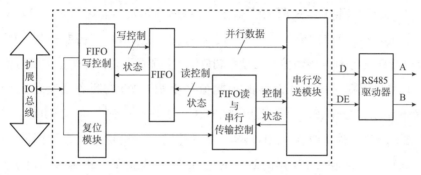

图 5-7 RS485 总线发送模块的原理框图

制模块在译码扩展 I/O 总线的基础上，将数据有序地写入 FIFO 缓冲器中。FIFO 读与串行传输控制模块在读取 FIFO 数据的同时启动串行发送模块工作。串行发送模块将 FIFO 读取的并行数据按照设定的波特率串行输出到 RS485 驱动器。复位模块在上电时受扩展 I/O 总线命令驱动，对相关模块进行复位，完成初始化工作。下面介绍比较关键的 FIFO 读写操作和串行发送模块。

1) FIFO 读写接口设计

为了平衡扩展 I/O 总线和串行发送模块之间数据传输方式和速率的不匹配，进而实现数据的无间隙发送，使用 FIFO 进行缓冲是非常有用的设计。设计中使用 IP 核生成 8 bits×8192 words 的异步 FIFO 来缓冲仪器数据传输过程中的每个 RS485 小数据包（2048 字），如图 5-8（a）所示。该 FIFO 模块的读写功能独立，有各自的时钟、请求信号和满空标志，带有异步清空复位功能。IP 核自带了 FIFO 的读写操作时序，图 5-8（b）是其读时序图，所有的 FIFO 读写接口均是在其读写时序的基础上设计的。

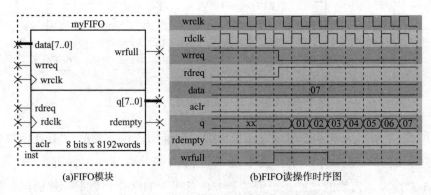

图 5-8 FIFO 模块及其读操作时序图

图 5-9 是根据图 5-8 所示的 wrclk、rdclk、wrreq、rdreq 和 data 等信号的时序设计的 FIFO 读写控制模块，其中图 5-9（a）是 FIFO 写控制模块，图 5-9（b）是 FIFO 读与串行传输控制模块。FIFO 写控制模块具有译码扩展 I/O 总线的功能，它通过识别扩展 I/O 总线的控制信号生成 FIFO 写操作需要的时钟信号 WrCLK 和请求信号 WrReq，进而形成 FIFO 写操作的时序，完成 ARM 扩展 I/O 总线数据的 FIFO 缓冲功能。FIFO 读与串行传输控制模块采用正常的同步 FIFO 模式读取数据，它在 FIFO 读时钟（Rd_Clk）的作用下，根据 FIFO 的空标志（Rd_Empty）和串行传输模块的传输状态（Txd_done），生成读请求信号（Rd_

Req）以使 FIFO 输出端的并行数据有效。当一个字节数据读取完成后，该模块的 Data_Valid 信号有效以启动串行传输模块工作。模块中对数据传输的字节数进行计数，当达到数据包设定长度时，表明一包数据发送完成，向 ARM 发出中断信号（INT_out），以便其处理其他任务。

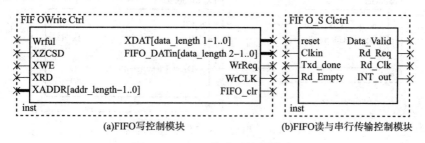

图 5-9　FIFO 的读写控制模块

2）串行发送模块设计

设计串行发送模块的关键是数据的转换与传输。数据转换将待发数据按照协议组装成特定格式的数据帧，数据传输提供信号线、控制传输速率和传输过程。设计中，数据按照起止式异步协议进行传输，每个字节帧包含 1 个起始位（低电平 0）、8 个数据位和 1 个停止位（高电平 1），8 个数据位中低位先发送，高位后发送。该协议中数据的传输以起始位和停止位为收发双方的同步信号，即使两端的时钟频率略有差异，在这种短帧传输中也不会造成累积的位误差。此外，设计中考虑了以下三个方面，以进一步提高数据传输的可靠性：第一，每两个字节传输之间的时间间隙不固定，这段空闲时间能够提供缓冲和校正；第二，为了避免串行数据和时钟异步带来的毛刺现象，接收到正确的信号，通常在接收模块中采用多个时钟中间采样的方式进行读数，比如采样时钟的频率是波特率的 8 倍，意味着每 8 个采样时钟传输一位数据，那么接收端在第 4 个或者第 5 个采样时钟处读取数据就比较可靠；第三，每包数据均在接收端进行校验，如果校验不通过，进行重传。

以波特率为 9600bps 的串行传输模块为例介绍设计方法，该模块主要包含波特率生成器和串行发送控制器两部分，如图 5-10 所示。其他速率的串行传输模块只需要修改波特率生成模块的参数即可。为了与接收模块的采样时钟相一致，波特率生成器通过分频操作，将串行发送控制器中的驱动时钟（S_Clk）设计为 76.8kHz（8 * 9600bps），这样每个数据位的发送占用 8 个时钟周期，能够保证

RS485 总线的传输速率稳定为 9600bps。

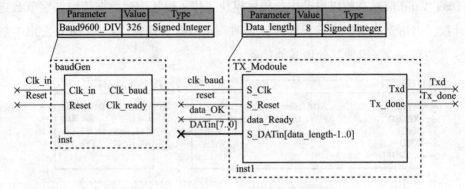

图 5-10　串行发送模块的组成部分

串行发送控制器的设计基于状态机思想，其工作原理如图 5-11 所示，包含以下 5 个状态：

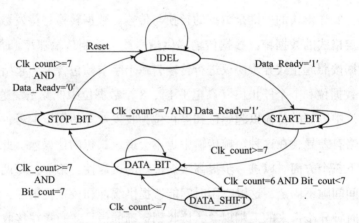

图 5-11　RS485 串行发送模块的状态机图

（1）IDEL 状态。上电复位或者没有待发送数据时，控制器处于该状态。当有数据准备发送时（data_Ready 变为高电平），模块由 IDEL 状态进入 START_BIT 状态。

（2）START_BIT 状态。当传输 8 个时钟的起始位后，控制器由 START_BIT 状态进入 DATA_BIT 状态。

（3）DATA_BIT 状态。在该状态下，控制器先后发送 8 位数据，在每位数据传输的第 7 个时钟，控制器进入 DATA_SHIFT 状态并停留一个时钟周期，然后回到 DATA_BIT 状态继续发送下一位数据。数据发送完后，进入 STOP_BIT 状态。

（4）DATA_SHIFT 状态。控制器在该状态下主要将字节数据进行右移实现串行化，使高一位数据成为下一个待发送对象。

（5）STOP_BIT 状态。当连续发送 8 个时钟的停止位后，控制器根据当前是否有数据准备好，决定进入 IDEL 状态还是直接进入 START_BIT 状态，从而实现字节帧间隙时间自动识别下的数据连续发送，使总线发送数据效率最高。此外，当一个字节数据即将发送完成时，该控制器给 FIFO 读与串行传输控制模块发出一个传输完标志信号（Tx_done），以便其继续读取 FIFO 数据并供给串行发送模块。

4. I2C 总线模块设计

I2C 总线是 Philips 公司开发的一种双线的双向串行总线，它与 SPI、UART 是三种常见的串行通信方式，常用作元器件或者模块的接口。I2C 总线在声波测井仪器的温度测量、仪器姿态测量等模块中有着重要的应用。因此，在调试诊断系统中设计 I2C 总线模块非常有必要。

图 5 – 12 是 I2C 总线结构的示意图，该总线包含一条串行数据线（SDA）和一条串行时钟线（SCL），它们通过一个上拉电阻连接到电源电压。上拉电阻的阻值由电源电压、总线电容和器件数量决定，一般取 1 ~ 10kΩ。该总线支持多机通信，每个器件可以作为主机或者从机挂接在总线上并通过唯一的地址来识别，每个器件的 SCL 和 SDA 都必须是漏极开路或集电极开路才能执行线与功能。I2C 总线在标准模式下的数据传输速率可达 100kbit/s，在快速和高速模式下传输得更快。

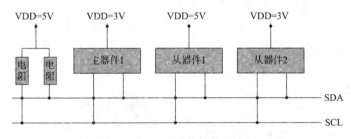

图 5 – 12　I2C 总线结构示意图

FPGA 片上没有集成 I2C 总线接口，必须按照该总线的协议设计 I2C 总线模块。图 5 – 13 是该总线的操作时序示例，模块对 I2C 总线的读写操作是以字节为单位的。当总线空闲时，SCL 和 SDA 都被拉到高电平。起始条件（S）和停止条件（P）通过 SCL 高电平期间的 SDA 电平切换实现，SDA 线从高电平切换到低电平表示起始条件,而 SDA 线由低电平向高电平切换表示停止条件。数据传输在 SCL 线的高低电平切换周期中进行,数据高位先于低位传输。主机每发送一个字节,都需要等待从机的应答(ACK)信号,然后继续操作。应答信号由从器件在 SCL 高电平期间将 SDA 电平拉低来实现。

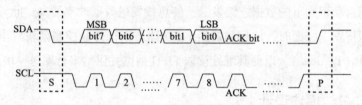

图 5-13 I2C 总线操作时序

以访问测斜模块的 I2C 主机设计为例介绍 FPGA 中 I2C 总线的设计方法。图 5-14 是该模块设计的原理框图,扩展 I/O 总线接口负责该模块与 ARM 扩展 I/O 总线之间的数据交换。由于该模块主要是读取测斜模块的数据且数据量有 100 字节,因此接收方向需要使用 FIFO 进行缓冲,而发送方向可以直接由扩展 I/O 总线接口提供并行数据给发送器并驱动其工作。发送器先发送起始命令,然后发送从机地址和读请求,然后每收到一个字节数据给从机发送一次应答,直到数据接收完毕后发送停止命令。接收器在采样时钟的作用下逐位接收总线数据并进行串并转换工作,当接收完一个字节后向 FIFO 写控制模块发出读字节结束信号(End_flag),使其将并行数据写入 FIFO 缓冲器中。与此同时,接收器向发送器输出一个应答使能标志(ACK_flag),使其给从机发送应答信号。FIFO 写控制模块一方面控制着接收 FIFO 的数据写入操作,另一方面进行着接收字节的计数。当 100 字节数据都传输完毕后,该模块向 ARM 扩展 I/O 总线发送一个中断

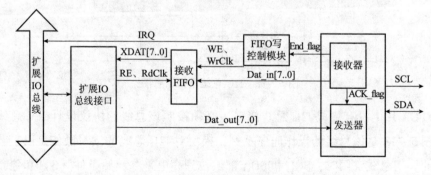

图 5-14 I2C 主机设计的原理框图

(IRQ)，请求 ARM 读取 FIFO 中的所有数据。为了使接收器更加准确，设计中采用 8 个采样时钟传输一位数据（通信速度为 100kbps 时，接收器采样时钟的频率为 800kbps）并取第 4 个时钟下的 SDA 值为准。

需要注意的是，使用 I2C 总线必须有总线解锁模块。总线死锁是指在 I2C 总线通信过程中，异常的主机复位等操作会导致总线出现 SDA 线为低电平而 SCL 线为高电平的现象。在这种情况下，主机会认为 I2C 总线被占用而一直等待 SCL 和 SDA 信号变为高电平，从机又在等待主机将 SCL 信号拉低以释放应答信号，两者相互等待，总线从而进入死锁状态。使用模拟 SCL 时序可以实现 I2C 总线的恢复工作。当主机复位后，如果检测到 SDA 线为低电平，则控制 SCL 时钟线连续产生 9 个以上时钟脉冲（针对 8 位数据的情况），这样 I2C 从机就可以完成被挂起的读操作，通信从死锁状态中恢复过来。图 5-15 是通信速率为 100kbps 时的解锁时钟信号。

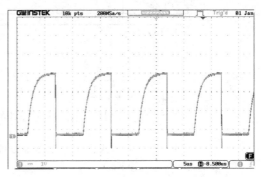

图 5-15 I2C 总线解锁时钟（100kbps 时）

5. SSB 总线模块设计

三维声波测井仪器可以看成是由主控短节、发射声系和 5 个接收控制器这 7 个节点构成的分布式系统。为了保证各节点之间的高速数据传输和控制，一种自定义的同步串行总线（synchronous serial bus，SSB）被应用到该仪器中。因此，需要设计该总线的一个主节点和从节点，以对基于该总线的各个节点进行调试和诊断。其中，该模块使用从节点功能对主控短节进行调试，而使用主节点功能对发射声系或者接收声系进行测试。

图 5-16 是 SSB 总线的物理结构，它由多个节点的差分时钟信号线（CLK + 和 CLK - ）和差分数据信号线（DATA + 和 DATA - ）相互连接而成。在差分总线的两端节点处加上了 120Ω 的匹配电阻，防止信号反射。通过两片多点低电压差分（multipoint-low-voltage differential，M-LVDS）线性驱动和接收器芯片 SN65MLVD201，可以形成该总线的接口，半双工通信的传输速率可高达 200Mbps。当总线控制器通过控制芯片发送和接收的使能信号，实现差分接收信

号的单端合成和单端信号的差分驱动输出。当总线空闲时，时钟线和数据线的电平均为低电平；当有数据需要发送时，发送端在时钟的上升沿向总线上放数据，接收端在时钟的下降沿锁存数据。SSB 总线的数据帧格式如表 5-2 所示，每个数据帧包含起始位、源地址或目的地地址、帧类型/数据长度（由奇偶校验位、帧类型和数据长度三部分组成）、可变长度的字数据与校验和等几部分。该格式是自定义的，可以根据不同的应用需求进行修改。该总线的数据帧以有效数据为主，尤其是当数据帧长度较大时，总线的有效数据率和利用率更高。

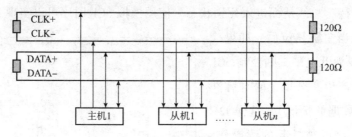

图 5-16　SSB 总线的物理结构

表 5-2　SSB 总线数据帧格式

起始位	源地址或目的地地址	帧类型/数据帧长度	数据	校验和
16bits	32bits	1bit 奇偶校验 + 2bit 帧类型 + 13bit 数据长度	$N*2Bytes$	2Bytes

该总线模块的设计方法与图 5-14 的 I2C 主机模块类似，都采用接收 FIFO 作为串行接收器和扩展 I/O 总线接口的缓冲和连接桥梁，而串行发送器直接与扩展 I/O 总线接口相连。图 5-17 是 SSB 总线接收功能的部分设计，主要是将经过接口芯片转换的单端数据信号（DATI）在时钟信号（SCLK）的同步下，转换为 16 位并行的字数据（Data_Word），并生成写 FIFO 的控制信号（WRREQ 和 WRfifo_CLK）。DataNum_Cnt 模块统计写入接收 FIFO 的数据个数，当达到预期值后，对外发出数据准备好标志（Data_Pre），供前端机通过扩展 I/O 总线译码与 FIFO 读模块一次性读取 FIFO 中的所有数据。

图 5-18 是 SSB 总线节点接收功能的仿真图，其中 CLK_in 是输入到 DFF21 模块的 20MHz 时钟，SCLK 是 10MHz 的 SSB 总线串行时钟，FIFO_Data 是每个 SCLK 时钟的上升沿时，连续 16 位串行数据转换成的并行字数据。从图 5-18 中可以看出，当信号连续传输时，每 16 个有效的 SCLK 信号对应着一次有效的写入数据 FIFO_Data、写请求 Wr_Req 和写时钟 WrFIFO_Clk 信号，这与预期是一致的。

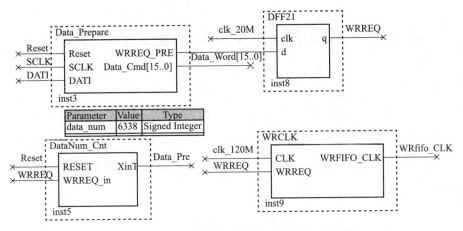

图 5-17 SSB 总线节点的接收功能设计（部分）

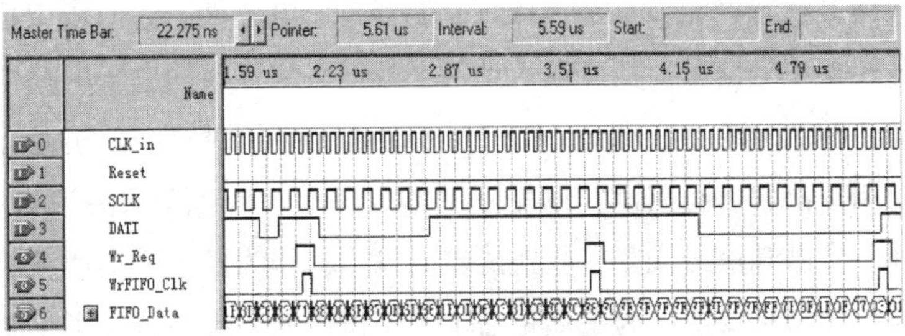

图 5-18 SSB 总线节点接收功能的仿真图

图 5-19 所示是 SSB 总线模块所在的电路板实物图，其中椭圆部分是 SSB 总线模块所在的位置。每个总线驱动与收发器 SN65MLVD201 都通过一个四通道数字隔离器 ADuM1401 与 FPGA 控制器进行信号隔离。两个总线驱动与收发器的差分时钟线（CLK+ 与 CLK-）、差分数据线（DATA+ 与 DATA-）和地线（GND）这 5 根线被集成到一个 10 针的连接插头处，方便 SSB 总线模块与外部进行连接与通信。

图 5-19 SSB 总线模块的电路板实物图

第3节 测试信号发生器和数据采集模块设计

声波测井仪器的电子电路实质是一个信号源和一个多通道数据采集系统,其中发射声系的作用是激励换能器向井旁地层辐射声波信号,接收声系相当于数据采集系统,采集从地层返回的声波全波列信号并进行相应的模拟和数字处理。因此,为了更好地调试声波测井仪器,设计一个测试信号发生器和数据采集模块是非常必要的。

1. 测试信号发生器设计

在声波测井仪器接收声系中,接收换能器是压电器件,它的作用是将接收到的声波信号转换成电信号,然后输入到每个数据采集通道的电子电路中以供后续的放大、滤波和 AD 转换等处理。在仪器组装前,必须对每个采集通道的模拟处理、采集控制等模块进行测试,以排除基本故障并评价各个采集通道的一致性。因此,设计一个已知信号代替接收换能器的输出,作为各个采集通道的输入进行测试是非常方便和必要的。为了满足需求,调试诊断系统中设计了一个基于直接数字频率合成技术(Direct Digital Synthesizer, DDS)的测试信号发生器模块,能够提供频率、相位和幅度可调节的正弦波信号。

1) DDS 技术

DDS 技术是一种从相位出发直接合成所需波形的频率合成技术,具有精度高、结构简单、易于实现等特点。它将以一个固定频率精度的时钟信号源作为参考时钟,通过数字信号处理技术产生一个频率和相位可调的输出信号。

设一路频率为 f 的余弦信号 $s(t)$:

$$s(t) = \cos(2\pi f t) \tag{5-1}$$

现以采样率 f_c 对该信号采样,可以得到离散序列如下式:

$$s(n) = \cos(2\pi f T_c \cdot n), \quad n = 0, 1, 2, 3, 4\cdots \tag{5-2}$$

式中 $T_c = 1/f_c$ 为采样周期。式(5-2)中对应的相位序列为:

$$\varphi(n) = 2\pi f T_c \cdot n, \quad n = 0, 1, 2, 3, 4\cdots \tag{5-3}$$

该相位序列的显著特点就是呈现线性化,即相邻采样值之间的相位增量是一常数，且仅与信号频率 f 有关，相位增量为：

$$\Delta\varphi(n) = 2\pi f T_c \tag{5-4}$$

由于频率 f 与参考源频率 f_c 满足式（5-5）：

$$\frac{f}{f_c} = \frac{K}{M} \tag{5-5}$$

其中 K 和 M 为正整数。那么相邻采样值之间的相位增量为：

$$\Delta\varphi(n) = 2\pi \frac{K}{M} \tag{5-6}$$

由式（5-6）可知，若将 2π 的相位平均分为 M 等分，则频率 $f = (K/M) \cdot f_c$ 的余弦波信号以频率 f_c 采样后，其量化序列的样本之间的量化相位增量为一变值 K。

根据上述原理，用变量 K 构造一个相位量化序列：

$$\varphi(n) = nK \tag{5-7}$$

可以完成 $\varphi(n)$ 到另一序列 $s(n)$ 的映射，即由 $\varphi(n)$ 构造序列：

$$s(n) = \cos\left(\frac{2\pi}{M}\varphi(n)\right) = \cos\left(\frac{2\pi}{M}nK\right) = \cos(2\pi f T_c n) \tag{5-8}$$

式（5-8）是连续时间信号 $s(t)$ 以采样频率 f_c 采样后的离散时间序列。根据采样定理，当 $\frac{f}{f_c} = \frac{K}{M} < \frac{1}{2}$ 时，$s(n)$ 经低通滤波器滤波后，可以唯一地恢复 $s(t)$ 信号。可以看出，通过上述一系列变换，变量 K 可以确定一个唯一的单频率模拟余弦波信号 $s(t)$：

$$s(t) = \cos\left(2\pi \frac{K}{M} f_c t\right) \tag{5-9}$$

该信号频率 f_o 为：

$$f_o = \frac{K}{M} f_c \tag{5-10}$$

式（5-10）是 DDS 方程，在实际的 DDS 信号发生器设计中，一般取 $M = 2^N$（N 为正整数），于是 DDS 方程就可以写成式（5-11）。此时，信号发生器的频率分辨率为 $\frac{1}{2^N} f_c$。

$$f_o = \frac{K}{2^N} f_c \tag{5-11}$$

从式（5-11）可以看出，输出余弦波的频率 f_o 受 3 个参数影响：参考时钟

的频率 f_c、波形在一个周期内被离散成的点数 2^N 和抽样间隔 K。分析可以得出以下几点：

(1) f_c 越大，频率分辨率越差；f_c 越小，输出信号频带越窄。

(2) N 越大，频率分辨率越好，同时意味着离散点数的剧增，从而需要的离散点存储容量也越大。

(3) K 越大，输出波形的频率越高。

实际设计时，需要综合考虑系统资源、所需频率范围和精度等因素，选择这 3 个参数的合适值。一般 N 受限于系统硬件资源，一旦固定就不再更改。采样时钟和采样间隔可以根据需求进行调整，从而获得频率范围和分辨率合适的波形信号。

2）基于 DDS 技术的测试信号发生器设计

本书以 $N=10$ 的信号发生器为例，介绍其设计方法。图 5-20 所示为基于 DDS 技术的测试信号发生器的原理框图，其中虚线框内的功能模块在 FPGA 内部实现。总线译码模块负责解析上位机通过前端机扩展 I/O 总线下发的控制命令，得到生成测试信号所需要的 4 个参数：抽样间隔 K、相对幅度码 A、采样基准时钟 f_c 和 DA 转换控制时钟 f_{DA}。相位地址累加器以 K 为步进，进行 ROM 寻址地址的累加。波形存储 ROM 在采样基准时钟的作用下，输出当前地址的数据。幅度控制器根据 A 的值，对 ROM 输出的数据进行计算，然后输出到 DAC 模块处。DAC 模块将数字信号转换为模拟信号后，再经过电压偏移和低通滤波等处理后，就可以得到所需要的正弦波信号。如果需要信号发生器具有一定的功率，还需要增加功放驱动等模块。

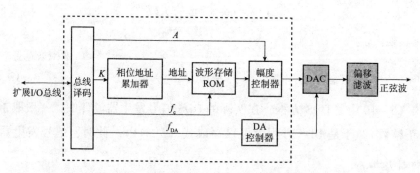

图 5-20 测试信号发生器的原理框图

图 5-21 所示是该模块的频率控制与相位控制部分。设计中，将一个周期的正弦波信号离散化成 1024 点的 10 位数据并存储在 10bits×1024words 的 ROM 中。

数据离散在 MATLAB 环境中进行，通过文件操作函数，生成 ROM 能加载和识别的 . mif 文件（见图 5 – 22），并将离散数据填充到 . mif 文件中。ADDER10B 模块实现了 10 位相位地址的累加，当前地址 Addr_Cur 和下一个有效地址 Addr_Next 之间的关系满足式（5 – 12）和式（5 – 13），式中 K 为相移地址（PH_addr）或者采样间隔地址（K_addr）。REG10B 模块起着缓冲器作用。波形存储 ROM 模块是使用 MegaWizard Plug_in Manager 工具生成的，生成过程中可以将预先编辑好的 . mif 波形数据文件加载进去。该模块包含 10 位地址输入线（address [9..0]），在采样基准时钟（clk_sample）的作用下，它将当前有效地址处的 10 位字数据并行输出到 DAC 处（q [9..0]）。

$$\text{Addr_Next} = \text{Addr_Cur} + \text{K}，当\ \text{Addr_Cur} + \text{K} < 1024 \tag{5-12}$$

$$\text{Addr_Next} = \text{Addr_Cur} + \text{K} - 1024，当\ \text{Addr_Cur} + \text{K} \geqslant 1024 \tag{5-13}$$

图 5 – 21　频率控制与相位控制部分

WIDTH=10;
DEPTH=1024;

ADDRESS_RADIX=uns;
DATA_RADIX=DEC;

CONTENT BEGIN
0 : 515;
1 : 518;
2 : 521;
3 : 524;
4 : 527;
5 : 530;
6 : 533;
7 : 537;
8 : 540;
9 : 543;
10 : 546;
11 : 549;
12 : 552;
13 : 555;
14 : 559;
15 : 562;
16 : 565;
17 : 568;
18 : 571;
19 : 574;

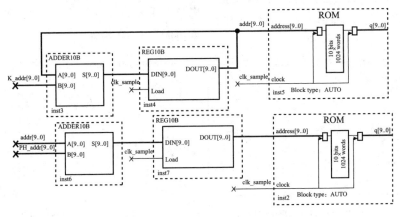

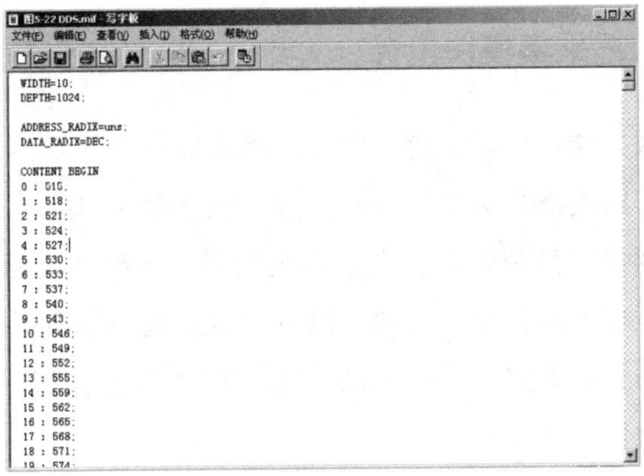

图 5 – 22　生成的 . mif 文件

图 5-23 ~ 图 5-25 是当采样基准时钟为 200kHz 时，使用示波器测试的信号发生器的输出波形。图 5-23 是信号发生器能够输出的最小频率 195.1Hz，也是频率调节的最小步进单位。为了使频率步进单位为常用数值，可以调节采样基准时钟。比如，当采样基准时钟为 204.8kHz 时，频率分辨率为 200Hz。图 5-24 是信号发生器输出的高频率波形（25kHz），此时一个周期的波形只用 8 个点进行恢复，出现了明显的台阶状现象。因此，要使目标频率的波形更加平滑，需要选择较高的采样基准时钟。图 5-25 是输出的两道相位差 90°的正弦波信号，验证了模块的相位可调性。此外，为了从根本上提高基于 DDS 技术的信号发生器的精度，需要选择精度更高的 DA 芯片（比如 16 位）和字位宽度更大的 ROM 模块。

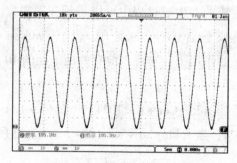

图 5-23　信号发生器能够输出的最小频率

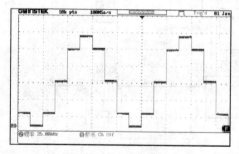

图 5-24　信号发生器输出的高频波形（25kHz）

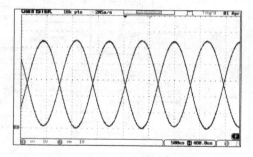

图 5-25　相位差 90°的两道波形

2. 多通道数据采集模块设计

数据采集模块是调试诊断系统中重要的组成部分，主要体现在两个方面：一方面，它通过与发射换能器激励模块相配合，能够对发射换能器和接收换能器的性能进行测试与评价；另一方面，在仪器组装时，该模块能够对仪器中关键的、批量使用的模拟处理板进行检测。通过测试信号发生器给模拟处理板的不同通道提供相同的输入，采集电路板不同测试点处的输出并进行处理，可以判断和评价模拟处理板的一致性和可用性。

图 5-26 是信号采集模块的原理框图，该模块以 FPGA 为控制核心，挂接在前

端机的扩展 I/O 总线上，支持 8 个通道的数据采集。设计中使用精密、低功耗的仪表放大器 INA128 对被采集信号进行跟随处理。图 5-27 所示是该放大器的内部结构框图和使用方法，它采用正负电源的供电方式，只需在引脚 1 和引脚 8 之间外接一个电阻，就可以对增益进行设置，所接电阻和增益的关系如图中的公式所示，设计中通过接一个兆欧级别的电阻实现信号跟随。多通道选择器在 FPGA 的控制下，选择 8 个输入信号中的 1 路输出到程控放大模块。程控放大电路通过增益选择模块中的不同反馈电阻实现了对信号的不同增益。放大后的信号经过低通滤波和 AD 转换等处理后，以数字信号的方式进入 FPGA 并被存储到 FIFO 中。该模块的触发功能可以协调该模块与信号发生器等模块之间的工作，用于触发的信号是一个脉宽为 100μs 的方波脉冲信号。模块的触发模式有内部触发和外部触发两种相反的方式，内部触发是指本模块按照自己的时序工作，并周期性地对外提供同步信号。此外，光耦隔离模块的使用实现了电路板中模拟信号和数字信号的电气隔离。

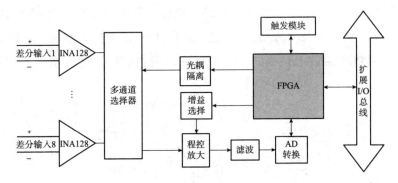

图 5-26　8 通道信号采集模块的原理框图

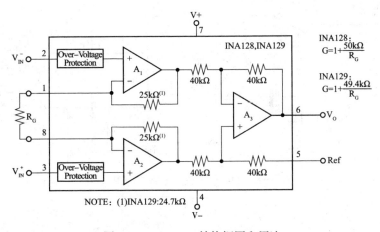

图 5-27　INA128 结构框图和用法

图 5-28 是信号采集板的实物图。程控放大电路是该模块的关键部分,它能够保证模块对不同幅度的信号进行有效的采集。图 5-29 所示为程控放大电路的原理图,它实质上是可以自动选择反馈电阻的运算放大电路。设计中选用低噪声、宽频带的运算放大器 AD8620。反馈电阻网络一侧连接在运算器的反向输入端,另一侧通过多路开关选择器 ADG408 连接到运

图 5-28 信号采集板的实物图

算器的输出端,网络中的电阻阻值从 100Ω 开始,以 2 倍的方式(对应增益步进为 6dB)增长到 6.34kΩ。不同的反馈电阻由 ADG408 进行选通,该芯片的 3 根地址线 A2、A1、A0 作为增益控制码,经过光耦隔离器后,连接到 FPGA 控制器。三位控制码所表示的二进制数值 000-111 分别对应着 0~42dB 的程控增益放大。FPGA 接收上位机的命令并提取增益控制码,进而实现程控增益放大的功能。

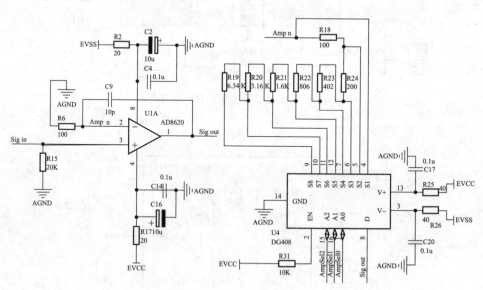

图 5-29 程控放大电路原理图

第 4 节　特殊元器件测试模块设计

元器件是组成仪器的最基本单元，元器件测试是声波测井仪器研发和制造过程中的重要工作。声波测井仪器通常会工作在175℃甚至更高温度的井下环境中，因此，高温下稳定是声波测井仪器中所有元器件必须满足的最基本条件。电子元件的失效曲线一般呈现浴盆形趋势，即早期失效的概率远远大于中间使用阶段失效的概率。因此，通过一定时间的高温老化实验剔除绝大多数的不合格元器件，是常用的元器件测试和筛选方法。新采购的元器件必须先进行高温测试，才能投入使用。在仪器研发和生产过程中，除了对电阻、电容等批量使用的常见元器件进行抽样高温检测外，还需要对一些必需的特殊元器件进行测试，比如Flash存储器、发射换能器、接收换能器、脉冲变压器、放大器以及模数转换芯片等。下面以调试诊断系统中Nand Flash存储器和发射换能器的测试模块为例，介绍它们的设计方法。

1. Flash 存储器测试模块设计

为了提高探测深度和方位分辨率，新一代三维声波测井仪器采用阵列化的方位接收换能器并记录更长时间的全波列数据，每个深度点的测井数据量能够达到4Mbits。如果采用电缆实时传输所有数据，最大测井速度仅为60m/h左右。为此，实际仪器中采用了井下存储全部数据而只上传部分抽查数据的工作方式，使仪器的测井速度达到480m/h。此外，主流的随钻声波测井仪器也只实时上传少量的关键数据，而将大量的波形数据存储到井下仪器的Flash存储器中，待起钻后再进行读取和处理。因此，数据存储是声波测井仪器的重要功能，存储器芯片是仪器中的关键器件。

NAND Flash是一种非易失性的内存器件，它能够在掉电情况下保存数据。跟NOR Flash相比，NAND Flash的单位体积容量大、耐用性好，是进行高密度数据存储的首选方案。因此，声波测井仪器中通常选用NAND Flash存储器进行数据存储功能的设计。存储器在高温下的可靠性是仪器存储功能稳定运行的关键。受工艺水平的限制，目前的存储器在测井高温（175℃甚至更高）条件下会出现比特位翻转、坏块、读写错误甚至彻底损坏等故障。因此，使用前筛选出高温下稳定的存储器并设计有效的温度补偿算法是非常必要的。

设计一种简易的存储器高温老化检测系统有助于高效地进行存储器的筛选，同时可以评估温度补偿算法的效果。存储器检测系统的关键在于设计它的访问接口和测试策略以保证它在高温环境下检测的有效性和简易性。研究者们在这方面做了许多工作。微软公司的 FAT32 文件系统提供了一种对存储设备进行访问的机制；三星公司提供了一种针对存储器大数据块的错误校验纠错（eror checking and correction，ECC）算法，该算法具备定位及纠正单比特错误，并发现双比特错误的能力；张伟等人分别设计了随钻声波测井工作条件下的存储器控制器和数据存储管理策略。

我们在前人研究的基础上，设计了基于通用存储器测试座的硬件测试环境，编写了基于 MSComm 控件的上位机控制软件，开发了包含功能分区、ECC 算法以及模拟实际测井温度环境的存储器测试管理策略。下面逐一介绍 Flash 芯片及其底层访问接口、存储器测试管理策略等内容。

1）Flash 测试硬件接口设计

图 5 – 30 是三星公司的一款 Flash 芯片的管脚配置及其测试座。该 NAND

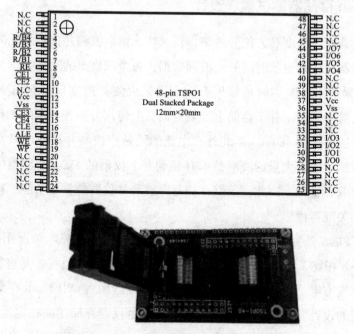

图 5 – 30　Flash 芯片的管脚配置及其测试座

Flash 采用串行结构的存储单元，擦除以块为单位进行，读写以页为单位，写入前必须先擦除内存单元。它的 8 个 I/O 引脚作为命令、地址和数据信息的交换通道，实现存储器的读写和擦除访问。Flash 测试座包括夹持模块和转换模块两部分。夹持模块为定制的高温老化测试座，它可以对符合开放 NAND 闪存接口协议（Open NAND flash interface，ONFI）、引脚数为 48 个、间距为 0.5mm、封装形式为薄型小尺寸封装（Thin small outline package，TSOP）的存储器进行测试。转换模块将夹持模块的 48 个引脚线进行分类组合，形成了 2 组双排插针接口（P1 和 P2），该接口同时起着安装固定和信号传递的作用。不同容量的存储器在内部一般按照片、区（plane）、块、页几级地址结构进行组织，外部访问接口的差异在片选信号（Chip select，CE）上。为了满足不同容量存储器的测试要求，所有片选信号（CE1 ~ CE4）均被引出到插针接口处。该设计不仅避免了焊接测试法对芯片的伤害，而且使测试更加方便和高效。

图 5 – 31 为基于 DSP 处理器的 Nand Flash 高温老化实验系统，其中虚线框中的 DSP 和以插拔方式安装的 Flash 测试座被设计在同一块高温电路板上。DSP 通过普通 I/O 管脚模拟的时序访问 Flash 存储器，通过 USB – TTL 模块与上位机连接以接收测试命令并上传测试结果。在访问 Flash 所需的读写使能（WE/RE）、地址和命令锁存（ALE/CLE）、片选（CE1 ~ CE4）、忙状态（RB1 ~ RB4）等信号的组合控制下，DSP 接收数据总线上（IO7 ~ IO0）的命令、地址或者数据，然后按照相应的时序完成数据读写、块擦除及相应的组合操作。USB – TTL 模块通过 FT2232 和 MAX3232 两个接口芯片，实现了 USB 与 TTL 两种数据传输格式之间的转换，建立了 DSP 和上位机之间的通信桥梁。

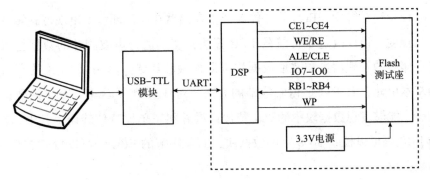

图 5 – 31　Flash 测试系统的原理框图

2) Flash 测试管理策略设计

图 5-32 所示为存储器测试管理自顶向下的层次图,主要由坏块管理、读写管理、校验纠错管理、交互管理 4 个部分组成。下面详细介绍该策略的具体实现方法。

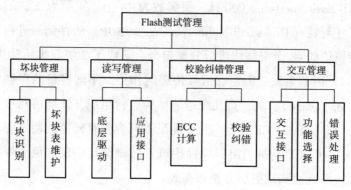

图 5-32　Flash 测试管理的层次图

① 坏块管理。存储器的坏块主要来源于两个方面:出厂时的初始坏块和使用过程中产生的坏块。通过读取存储器中出厂时的坏块标记,可以建立初始坏块信息表。当擦除或者写入失败时,进行坏块的动态标记。设计中,使用数组分别记录坏块的标记和坏块的位置,并实时更新与显示坏块的个数和位置信息。

② 读写管理。对存储器的读写访问实质上就是设计底层驱动。本书通过 DSP 的普通 I/O 管脚构建片选(CE)、读写使能信号(WE、RD)、地址和命令锁存信号(ALE、CLE)、状态线(R/B)和数据线(I/O)的逻辑控制组合,使它们满足读写操作的时序要求。

③ 校验纠错管理。ECC 算法能够评价存储器在高温环境下出现位翻转及其可校正的程度。设计改进了传统的 ECC 算法,使其适合声波测井的数据特点,同时对存储器的管理信息和波形数据均可以检验和纠错。算法以 16 位的字为数据块的基本单元,采用可变 ECC 字节的方法,对任意 2^n($n \geq 0$)个字的数据块进行校验,能够发现数据块中的双比特位错误并纠正单比特位错误。其中,2 个字节的 ECC 码可以校验 1~8 字的数据块,而 4 字节的 ECC 码可以校验 256~2048 字的数据块。

本书以 2 字数据的 ECC 算法为例进行说明。表 5-3 为算法的极性分布表,将 2 个字按照高低字节和位的顺序进行排列,可以构成 4 行 ×8 列的数据位矩阵,其中 W0_LB 表示第 0 字的低字节，bit7 表示字中的第 7 位，CP0~CP5 为列校验值，LP0~LP3 表示行校验值。CP0 和 LP0 由式（5-14）~式（5-17）计算得到，其中 $Wi(j)$ 表示第 i 字的第 j 位，$Li(j)$ 表示第 i 行字节的第 j 位，CP0_Temp(i) 和 LP0_Temp(i) 为计算的中间值。

表 5-3 ECC 算法的极性生成表

W0_LB	bit7	bit6	bit5	bit4	bit3	bit2	bit1	bit0	LP0	LP2
W0_HB	bit15	bit14	bit13	bit12	bit11	bit10	bit9	bit8	LP1	
W1_LB	bit7	bit6	bit5	bit4	bit3	bit2	bit1	bit0	LP0	LP3
W1_HB	bit15	bit14	bit13	bit12	bit11	bit10	bit9	bit8	LP1	
	CP1	CP0	CP1	CP0	CP1	CP0	CP1	CP0		
	CP3		CP2		CP3		CP2			
	CP5				CP4					

$$CP0\_Temp(i) = Wi(0)\verb|^|Wi(2)\verb|^|Wi(4)\verb|^|Wi(6)\verb|^|Wi(8)\verb|^|Wi(10)\verb|^|Wi(12)\verb|^|Wi(14) \tag{5-14}$$

$$CP0 = CP0\_Temp(0)\verb|^|CP0\_Temp(1) \tag{5-15}$$

$$LP0\_Temp(i) = Li(0)\verb|^|Li(1)\verb|^|Li(2)\verb|^|Li(3)\verb|^|Li(4)\verb|^|Li(5)\verb|^|Li(6)\verb|^|Li(7) \tag{5-16}$$

$$LP0 = LP0\_Temp(0)\verb|^|LP0\_Temp(2) \tag{5-17}$$

其他极性值的定义和计算方法类似，每个极性值是不同组合的 16 个数据位异或的结果，每一位数据与 3 个列极性值和 2 个行极性值唯一对应。比较存储时的 ECC 校验值和读取到的 ECC 校验值，即可实现数据块中单比特位错误的定位和校正。

④交互管理。设计中，DSP 的串行接口和 USB-TTL 模块是高温测试板和上位机的硬件交互通道。通过设计功能分区、测试函数、状态显示、异常处理等内容，可以测试存储器在不同温度下出错和可恢复的程度，进而完成存储器的高温老化实验。

表 5-4 为 10 个交互命令的测试功能、分区、操作内容和实时显示信息的对应关系。上位机控制软件以字符形式发送 0~9，即可选择这 10 个命令对 Flash 的 3 个测试区域进行操作。

表 5-4　交互管理的对应表

测试功能	命令编码	功能分区	操作内容	实时显示信息
读取 ID	0	—	读取 5 字节 ID	ID 值
室温下静态存取	1	管理区、命令 3~5 对应的 256 个块以外的所有空间	全部写入 0xA55A	（1）因擦除和写入失败而新增的坏块信息；（2）不经过 ECC 处理和经过 ECC 处理两种情况下，累计测试次数、当前写入数据，数据读取出错的个数、位置以及出错数据
	2		读取数据	
单温度点随机存取	3	128 个块	全部写入 0xA55A	
	4		读取数据	
全温度段连续存取	5	128 个块	交替写 0xAAAA, 0x5555, 0xFF00, 0x00FF 并读取	
坏块处理	6	—	设置任意块为坏块	坏块的个数与位置
	7	—	取消任意块为坏块	
	8	—	强制全部块为正常	
	9	—	建立初始化坏块表	

2. 声波换能器激励模块设计

发射换能器是声波测井仪器的核心器件，它的质量直接决定着仪器的性能。三维声波测井技术对低频、组合与定向声源的需求越来越高。图 5-33 是通过组合的方式形成的发射换能器的不同激励模式，通过选取一周换能器中呈 90°分布的 4 片换能器，给它们施加不同极性的激励电压，就可以形成单极子、偶极子和四极子 3 种换能器激励模式。此外，为了进一步提高仪器的方位分辨能力，相控圆弧阵激励等方式也得到了很好的应用。为了使发射换能器激励出最大的有效能量，选择合适的换能器工作参数是非常必要的。为了对绕制的变压器以及换能器进行匹配性测试，确定最佳的控制脉冲宽度、变压器初次级线圈的线径和匝数、相控延迟时间等参数，设计多路发射换能器的激励模块，是调试诊断系统的重要内容。

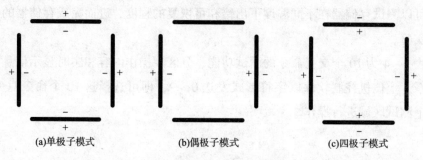

(a)单极子模式　　(b)偶极子模式　　(c)四极子模式

图 5-33　声波换能器的不同激励模式

图 5-34 是发射换能器激励模块的设计框图。由于发射换能器的激励模块包含高压电路，而且电容体积比较大，因此不适合与其他功能模块电路板堆叠在一起。本设计中采用 SSB 总线将该模块与主控节点和前端机连接。FPGA 或者 CPLD 作为模块的控制器，可以工作在两种方式：一种是独立模式，在该模式下发射激励模块只需要一块电路板就可以工作，此时大部分工作参数由控制器程序初始化，常用的脉冲宽度和激励延迟时间等参数通过拨码开关来进行调节；另一方面，该模块可以根据主控节点发出的 SSB 总线命令进行工作。控制器根据设置的参数输出激励控制逻辑，经过驱动电路后，成为 14V 左右的 VMOS 开关控制信号。VMOS 开关通过控制高压直流信号（500~600V）的通断，形成具有一定脉冲宽度的高压方波信号。该高压方波信号经过脉冲变压器升压后，可以产生 2800~3500V 的高压激励脉冲信号并驱动换能器工作。

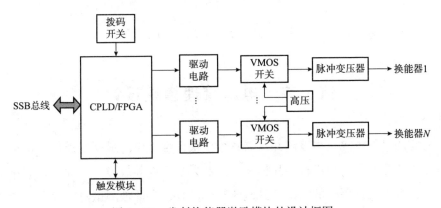

图 5-34　发射换能器激励模块的设计框图

图 5-35 是高压方波信号产生的电路图，该部分以 IR2213 芯片为中心展开设计。IR2213 是一款独立的高、低双边驱动器，可用作 MOSFET 和 IGBT 管的驱动器，它的高边浮动供电电压（VB）可以达到 1200V。控制器输入的 3 个信号 SD1、HLN1、LIN1 分别代表逻辑输入失效控制、高边门驱动输出（HO）和低边门驱动输出（LO）的逻辑输入信号，当 SD1 为低电平时，HLN1 和 LIN1 信号才起作用。HV_P 是交流电源经过升压、滤波和储能等操作后的高压直流源，P13 连接头用于输出高压方波信号到脉冲变压器。C44 和 C15 分别是 0.1μF 的陶瓷电容和 10μF 的钽电容，二者并联用作自举电容。Q1 管的 E 极和 Q2 管的 C 极相连，IR2213 利用自举电容对两个 VMOS 管进行驱动，通过控制其通断给脉冲变压器输出高低电平进而实现换能器的充放电和激励发射。具体工作方式如下：当

HLN1 为低且 LIN1 为高时，Q1 截止而 Q2 导通，VCC 给自举电容充电，P13 处输出低电平；当 HLN1 为高而 LIN1 为低时，自举电容给高位驱动端 HO 供电以驱动 Q1 导通，此时 Q2 截止，P13 处输出高电平。

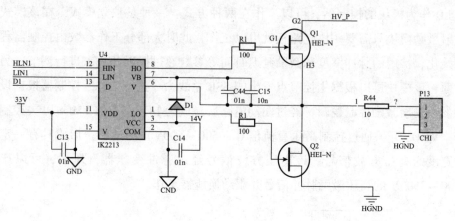

图 5-35 高压方波信号产生的电路图

第 5 节 电源管理模块设计

稳定的供电电源是声波测井仪器各个模块正常工作的最基本条件。供电电压一旦超过特定范围，会出现芯片损坏、仪器无法工作等故障。因此，在调试诊断系统中，必须设计可靠的电源及其监测管理模块，保证被测试单元处于安全的供电环境中。

图 5-36 是调试诊断系统中各种电源生成的原理框图。系统和声波测井仪器各个模块所需要的各种低压和高压电源，均是从外部提供的 220V 交流电转换来的。220V 交流电在大功率触点电磁继电器 HHC71A（JQX-30F）-1Z-12VDC 的控制下输出，在调试仪器整体、发射声系或者主控短节时使用。该继电器由 12V 的直流信号控制其通断，实现低压控制高压的安全操作。500V 的直流高压信号用于测试与发射换能器相关的脉冲变压器和 MOS 管，它是上述 220V 交流电经过变压器升压、整流、滤波、稳压和储能等一系列操作后得到的。调试诊断系统和仪器常用的低压电源（15V、±6V、5V、3.3V、1.8V 和 1.2V 等）是 220V 交流电经过 AC-DC 模块转换为 15V 或者 5V 的直流电源后，再由低压电源调整模块进行处理得到的。

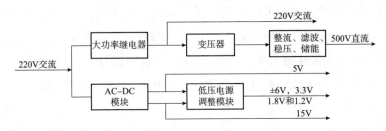

图 5 - 36 调试诊断系统中电源生成原理框图

设计中，使用 RS - 15 - 5 和 RS - 15 - 12 两款 AC - DC 开关电源将 220V 交流电转换成 5V 和 15V 的直流电源，二者不仅作为低压电源调整模块的输入，而且可以直接对外输出。±6V 是 15V 电源经过低噪声线性电源调整芯片 LT1085 和 LT1185 产生的。其他低压电源是 5V 电源在相应的电源调整芯片的作用下产生，并经过滤波处理后输出的。图 5 - 37（a）和图 5 - 37（b）分别是 AC - DC 模块和低压电源调整模块的实物图。由于仪器工作时低压电源输出的电流比较大，电源芯片发热比较严重，设计中使用加散热片的垂直方式代替传统的表贴方式来固定电源调整管。为了扩宽电源的带负载范围，电源输出端都加了一定阻值的电阻。此外，为了防止电路板上的数字信号和模拟信号，以及调试诊断系统与井下仪器信号之间的干扰，设计中使用 DC - DC 电源隔离模块将 5V 电源一分为二来实现隔离供电，隔离电源在板上通过一点共地的方式连接。

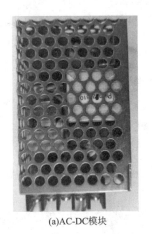
(a)AC-DC模块

(b)电源调整板

图 5 - 37 低压供电相关模块实物图

图 5 - 38 是低压电源监测管理模块的原理框图，该模块能够对 ±6V、5V、3.3V、1.8V 和 1.2V 的电源进行监测和管理。每一种电源都对应着一个电压采集

模块和电流采集模块。电压和电流的采集是通过在电源的正端和地端之间串入取样电阻实现的,其中电压采样电阻的阻值(100kΩ)远远大于电流采样电阻的阻值(0.05Ω),电流采样将电流信号转换为差分电压信号后供后续采集。电压采集模块和电流采集模块经过适当的滤波和放大处理后,输出信号通过 STM32F373CC 自带的 16-bit ADC 模块转换为数字信号并进入单片机。单片机通过比较实际采集到的参数(电压和电流)与上位机通过 FPGA 串口下发的阈值,判断该电源的电压和电流是否正常。当这两个参数正常时,单片机定时通过串口向 FPGA 发送电压和电流数据供上位机读取和显示。当任何一路电源的电压或者电流值超出阈值时,单片机迅速给 FPGA 发送一个中断标志,FPGA 在通过 SSB 总线给继电器控制模块发送断开继电器命令的同时向上位机发送故障标志。继电器控制模块一旦收到断开继电器的命令,立刻禁止所有电源对外输出。

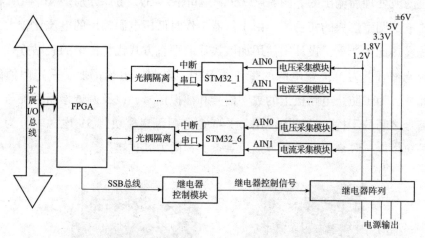

图 5-38 低压电源监测管理模块的原理框图

参考文献

[1] Altera Corporation. Cyclone Ⅱ Device Handbook. pdf [M]. Volume 1. USA:Altera Corporation,2008.

[2] Pedroni V A. VHDL 数字电路设计教程 [M]. 乔庐峰,王志功,等译. 北京:电子工业出版社,2005:19-21.

[3] 饶运涛,邹继军,郑勇芸. 现场总线 CAN 原理与应用技术 [M]. 北京:北京航空航天出版社,2003:20-82.

[4] Philips Semiconductors. SJA1000 Stand-alone CAN controller [OL]. Netherlands:Philips Sem-

iconductors, 2000, http：//www. semiconductors. philips. com.

［5］ TEXAS INSTRUMENTS. 3. 3 – V RS – 485 TRANSCEIVERS ［OL］. Texas Instruments Incorporated, 2003, www. ti. com.

［6］ 侯伯亨, 刘凯, 顾新. VHDL 硬件描述语言与数字逻辑电路设计 ［M］. 3 版. 西安：西安电子科技大学出版社, 2009：182 – 186.

［7］ 黄智伟, 王彦, 陈琼, 等. FPGA 系统设计与实践 ［M］. 北京：电子工业出版社, 2005, 278 – 287.

［8］ 胡力坚. 基于 DDS 的任意波形发生器设计与实现 ［D］. 西安：西安电子科技大学, 2009：7 – 29.

［9］ Zhang K, Ju X D, Lu J Q, et al. Design of acoustic logging signal source of imitation based on field programmable gate array ［J］. Journal of Geophysics and Engineering, 2014, 11：045008.

［10］ 吴文河. 基于网络互连的声波测井实验平台研究 ［D］. 北京：中国石油大学（北京）, 2011.

［11］ Burr-Brown. Precision, Low Power INSTRUMENTATION AMPLIFIERS ［OL］. Burr-Brown Corporation, 1996, http：//www. burr-brown. com.

［12］ 肖才庆. 基于 FPGA 的多片 NAND FLASH 并行存储控制器的设计与实现 ［D］. 济南：山东大学, 2012：1 – 20.

［13］ 门百永, 鞠晓东, 王邦伟, 等. 声波测井模拟电路老化及检测系统研制 ［J］. 计算机测量与控制, 2018, 26 （2）：58 – 62.

［14］ 张伟, 师奕兵, 周龙甫, 等. 一种井下大容量随钻声波测井数据实时存储 ［P］. 中国, 103198166, 2013 – 07 – 10.

［15］ Hao X L, Ju X D, Wu X L, et al. Reliable data storage system design and implementation for acoustic logging while drilling ［J］. Journal of Geophysics and Engineering, 2016, 13：1010 – 1019.

［16］ 刘栋, 鞠晓东, 卢俊强, 等. 测井仪器调试台架供电监测技术研究 ［J］. 测控技术, 2019, 38 （3）：135 – 138.

［17］ Hao X L, Ju X D, Wu X L, et al. Reliable data storage system design and implementation for acoustic logging while drilling ［J］. Journal of Geophysics and Engineering, 2016, 13：1010 – 1019.

［18］ International Rectifier. IR2213 （S） & （PbF） High and low side driver ［OL］. International Rectifier, 2004, www. irf. com.

［19］ 刘栋, 鞠晓东, 卢俊强, 等. 测井仪器调试台架供电监测技术研究 ［J］. 测控技术, 2019, 38 （3）：135 – 138.

［20］ STMicroelectronics. STM32F37xx advanced ARM-based 32-bit MCUs ［DB/OL］. STMicroelectronics, 2014, http：//www. st. com.

第6章 调试诊断系统的接口设计

本章根据声波测井仪器不同阶段和不同层次的测试需求，按照"为被测试对象提供输入，测试其输出"的原则，将各个底层功能模块进行不同的组合，形成了元器件、电路板、仪器短节和仪器整机这4个级别中不同对象的调试诊断接口。此外，本章还介绍一些以太网之外的常用人机交互接口，比如 USB – TTL 模块、UART 串口和无线透传模块等。

第1节 不同级别的调试诊断接口

本书从仪器设计者的角度出发，按照仪器组装过程中的测试顺序，依次介绍元器件、电路板、仪器短节和仪器整机这4个级别中不同对象的测试接口。

1. 元器件级别的测试接口

为了保证声波测井仪器的精度和可靠性，元器件在使用前必须严格按照测试工艺的要求和流程进行性能测试。同时，元器件测试需要的功能模块少，可以灵活选用测试方法。下面以换能器和测斜模块这两个元器件的测试接口为例，介绍该级别调试诊断接口的两种设计方法。

1）换能器测试接口设计

在声波测井仪器中，换能器是连接地球物理测井方法和数据采集电子系统的桥梁。它的质量直接影响着仪器的测井能力和测井精度，比如发射换能器的主频影响着激励电路的设计参数和辐射的声波在地层中的衰减情况，方位接收换能器的一致性影响着仪器的方位分辨能力。因此，必须设计调试接口对其测试。换能器的测试主要包含3个方面的内容：①测试发射换能器和接收换能器的静态主频、导纳和容抗等参数以及换能器在高温下的性能变化等情况；②测试发射换能器与绕制的变压器的匹配程度，寻求最佳的控制脉冲宽度、变压器初次级线圈匝数和相控延迟时间等参数；③测试接收换能器的接收灵敏度等级、3dB 角宽等参数，评估它们的指向性和一致性。

图 6-1 所示是换能器测试接口的原理框图，包含的 4 块功能模块电路板分别为电源管理板、信号采集板、总线通信板和发射激励板，其中电源管理板负责系统对外供电的监测，总线通信板负责扩展 I/O 总线数据和 SSB 总线数据之间的转换。该接口可以对发射换能器、接收换能器和变压器进行测试，其中换能器的全面测试需要同时包含发射和接收换能器，即测试发射（接收）换能器时还需要接收（发射）换能器。当测试换能器的静态特性和高温特性时，换能器需置于硅油槽中；而测试指向性时，换能器需置于水池中。变压器测试只需要在硅油槽中测量发射换能器处的高压激励脉冲波形就可以进行分析。该接口的工作原理可以描述如下：第一，上位机通过嵌入式主板和总线通信板的 SSB 总线向发射激励板发送控制命令；第二，发射激励板在 SSB 总线命令的驱动下，按照解析的激励模式、激励脉冲宽度和相控延迟时间等参数开始工作，同时向信号采集板输出

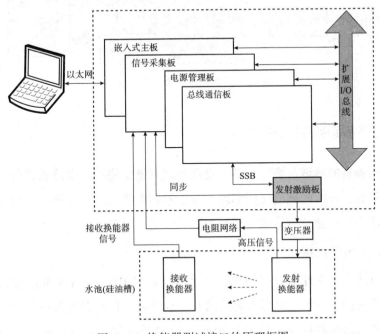

图 6-1 换能器测试接口的原理框图

同步信号,保证它能采集到完整的测试波形;第三,换能器测试都需要采集两种信号波形,即瞬间的高压激励脉冲波形和接收换能器的声电转换信号。高压激励信号取自变压器输出处,经过电阻网络的分压后输出到信号采集板。接收换能器信号属于小信号,信号采集板可以按照测井信号的方法对其采集和处理。

2) 测斜模块测试接口设计

有些元器件的访问接口比较简单,用户只需要提供它们工作所需要的电源,将测试所需要的人机交互模块(UART 等)集成到相应的功能模块板上,就可以在不利用调试诊断系统的条件下实现它们的独立测试,比如 Flash 存储器和测斜模块。

封装后的测斜模块可以当作一个元器件进行测试,图 6-2 所示是该模块的测试接口框图。在 I2C 总线功能模块板上增加 5V 电源,在 FPGA 内部集成 UART 接口后,该功能模块板就可以完成测斜模块的访问,使用该板和 USB-TTL 模块就可以完成测斜模块的交互测试了。对这种简单的元器件测试接口,使用独立功能板的方法是比较容易实现的。

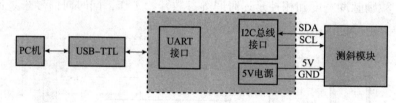

图 6-2 测斜模块的测试接口框图

2. 电路板级别的测试接口

电路板级别的测试是指对仪器中复杂的或者批量使用的电路板进行测试,比如主控电路板、模拟处理电路板和发射激励控制电路板等。该级别的测试是较具体的调试诊断,在随钻声波测井仪器的测试中更为重要。

1) 主控板调试接口

主控电路板是主控短节中的关键电路板,它以 DSP+FPGA 的组合为控制核心,实现了主控短节和遥测短节之间的双总线通信,控制着发射声系和接收声系的工作。调试诊断系统对主控电路板的测试主要包含 2 个方面的 3 种总线:第一,测试 CAN 和 RS485 的双总线通信功能是否正常;第二,测试自定义 SSB 总线的主控节点功能是否正常。

图6-3所示为主控电路板的调试接口，该接口包含电源管理板、SSB总线板和总线通信板3个功能模块板。电源管理板输出并监测着主控板工作所需要的3.3V、1.8V和1.2V电源的电压和电流，并控制着它们同时切断或者输出。SSB总线板提供一个SSB总线从节点，与主控板的主控节点进行通信。总线通信板集成了CAN和RS485总线模块，承担遥测短节的角色，与主控电路板进行双总线通信。这3种总线的测试需要按照一定顺序：先进行CAN总线的独立调试，然后在其驱动下进行RS485和SSB总线的测试。通过在不同位置处不同处理器的程序中增加测试模式和已知仿真数据可以实现相应测试。使用CANalyst工具可以辅助测试CAN总线。调试诊断系统对RS485和SSB总线的测试是通过查看上传的主控板处和从节点处的仿真数据来判断的。此外，在上述总线测试过程中，可以基本排除电路板上DSP、FPGA和SRAM等芯片是否虚焊等故障。

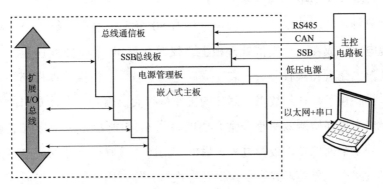

图6-3 主控电路板的调试接口

图6-4所示是将调试诊断系统的CAN和RS485总线模块与主控电路板连接后，通过示波器测量的双总线工作波形图，其中第2通道是RS485总线波形，第3通道是CAN总线波形。设计中，调试诊断系统每隔45ms向主控板发送一次数据请求远程帧，主控板接收到后先通过CAN总线进行应答，然后通过RS485快速传输数据。待数据包传输完毕后，主控板再通过CAN总线发送数据包的校验和，调试诊断系统计算校验和并比较后通过CAN总线给主控板发送数据校验是否通过命令。CAN总线的工作速率为800kbps，RS485总线的工作速率为6Mbps，数据包长度为2048字。由图6-4可以看出，总线时序跟预期相符合，说明双总线接口能够正常工作。

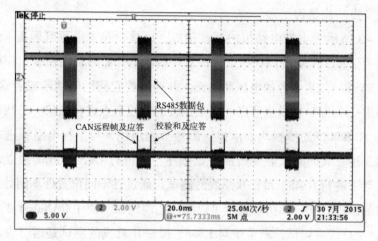

图 6-4　CAN 和 RS485 双总线工作的波形图

2）模拟处理电路板测试接口

新型三维声波测井仪器的接收声系中有 80 个采集通道，每 2 个采集通道的模拟处理电路集成在一个模拟处理板上，仪器共有 40 个模拟处理板。在焊接完成后、高温老化后和接收节点安装完成后这 3 个阶段，模拟处理板都必须进行测试以尽早排除板子存在的故障，测试的工作量很大。因此，设计专门的模拟处理板测试接口来提高检测效率是非常必要的。图 6-5 所示是一个接收节点内 8 个采集通道的 4 个模拟处理板经过固定后的实物图。接收换能器的声电转换信号通过屏蔽双绞线以差分的形式进入模拟处理板后，经过固定增益、带通滤波和程控增益等处理后，输出到采集节点控制板中。通过测试每块模拟处理板的通频带特性和程控增益功能，就可以排除焊接错误、芯片损坏等故障。

图 6-5　模拟处理板的实物图

图6-6所示为模拟处理板的测试接口，它由嵌入式主板和信号发生板、电源管理板和信号采集板等功能模块电路板组成。电源管理板监测并控制着模拟处理板工作所需的±6V低压电源的输出。信号发生板根据上位机软件的设置，输出不同频率和不同幅度的正弦波信号，代替换能器的声电转换信号，作为模拟处理板的测试输入信号。信号采集板主要做两方面的工作：一方面，它解析上位机命令，给模拟处理板提供不同的增益控制码；另一方面，它采集模拟处理板的输出信号，并上传到上位机。当测试较大增益的控制码时，模拟处理板对输入信号的放大达到数千倍，此时板子的输出会出现削波现象。采用分压电阻网络将输入的正弦波信号进行衰减可以消除该现象。此外，通过对电路板上的测试点逐步向前地测试其输出信号，可以进一步查找故障位置。

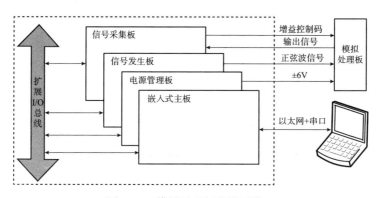

图6-6 模拟处理板的测试接口

3) 发射激励控制电路板调试接口

发射激励控制电路板是连接仪器SSB总线和变压器的桥梁。调试诊断系统对该电路板的测试主要是判断它在SSB总线命令的驱动下，能否生成预期脉宽的激励控制信号，MOS管能否对高压直流信号进行有效的导通与断开控制。

图6-7是发射激励控制电路板的测试接口。电源管理板给发射控制板提供并监测15V和3.3V等低压电源，SSB总线板提供总线主控节点功能，直流高压源为MOS管的测试提供高压直流信号。可以通过示波器或者信号采集板监测电路板输出的低压激励控制脉冲信号或者高压控制脉冲来判断电路板是否异常。

图6-8所示是将随钻声波测井发射激励控制电路板与它的测试接口连接后，使用示波器测试的低压激励控制脉冲与SSB总线时钟的波形，其中通道1是自定义的SSB总线时钟，通道2是低压激励控制脉冲。可以看出，SSB总线时钟的频

率大概为200kHz，而激励控制信号的脉冲宽度是25μs，且两个信号的波形时序与预期相符合。这说明设计的该接口可以使用。

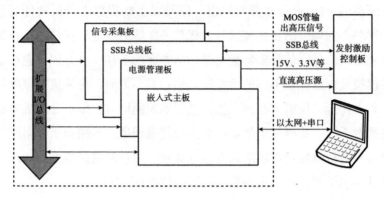

图6-7　发射激励控制电路板的测试接口

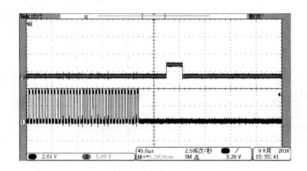

图6-8　激励控制脉冲与SSB总线时钟波形

3. 短节级别的测试接口

短节是裸眼井电缆声波测井仪器运输和存放的常见呈现方式，测井时将它们按照顺序连接成仪器串进行作业。在套皮囊组装前和外壳组装完成后，必须对各个短节进行独立的测试，确保它们正常后才能进行仪器的整机连接与调试。调试诊断系统的短节级别测试接口包含对主控短节、发射声系和接收声系这三个仪器模块的测试。

1）主控短节的测试接口设计

调试诊断系统对主控短节的测试内容与主控电路板的测试有很大的重叠部分，只需要再对主控短节输出的低压电源（±6V和15V）进行带负载测试。因此，主控短节的测试接口与主控电路板的测试接口只有两个方面的不同：一是供电方面，前者只需要供电220V交流电即可，后者需要提供具体的低压电源；二是前者需要信号采集板或者电压表对主控短节输出的低压电源进行测试。

图6-9所示是将主控短节调试接口与主控短节连接后，使用示波器测试的SSB总线差分时钟信号，其中第1通道为正端信号CLK+，第2通道为负端信号CLK-，M通道是两个差分信号进行减法运算的结果。当测试15V和±6V的电压输出值及其带负载能力时，需要选择合适的电阻负载，一方面要反映实际仪器中该电源的耗电电流情况，另一方面要将电压信号衰减到信号采集板的可测范围内。例如，在方位远探测声波测井仪中，±6V电源的电流大约为1.3A，因此使用1Ω和3Ω的两个大功率水泥电阻串联后接到±6V的电源和地之间，并在1Ω电阻上采集电压信号，这样可以测试电源在1.5A下的稳定性，保证足够的带负载能力。

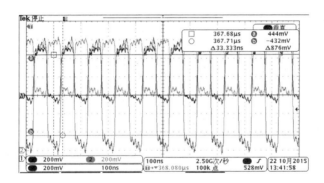

图6-9 主控短节SSB总线的时钟波形

2) 接收声系的测试接口设计

调试诊断系统对接收声系的测试，是判断短节中的5个接收控制节点能否在SSB总线命令驱动下，控制各个数据采集通道对输入的声电转换信号进行预期的放大滤波和AD转换等操作。测试分为装入皮囊前的接触式测量和装入皮囊后的非接触式测量两种，二者所需的模拟输入信号略有不同：前者直接将信号发生板产生的正弦波信号加到换能器的输出端，接收换能器不工作；后者需要正弦波信号驱动功率喇叭来产生声场，接收换能器和相应的电路以测井状态工作。

图6-10所示为接收声系的测试接口框图。SSB总线板受控于嵌入式主板，为接收声系的测试提供SSB总线的主控节点功能，信号发生板输出不同频率和幅

度的正弦波信号并根据测试条件的不同直接加到接收换能器输出端或者进行功率放大后驱动喇叭发声。电源管理板为接收声系提供15V和±6V的工作电源并监视它们的状态。

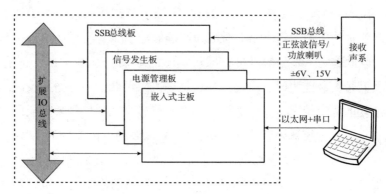

图6-10 接收短节的测试接口

3) 发射声系的测试接口设计

调试诊断系统对发射声系的测试，用于判断短节供电后能否在SSB总线的作用下正常工作。它的测试接口与发射激励控制电路板的接口相似，但是分装入皮囊并注油前后两种情况下的测试。未注油前，可以对换能器两端（变压器输出）的高压激励脉冲信号进行测试。测试时需要使用分压电阻网络进行分压，然后输入到示波器或者信号采集板。当短节装入皮囊并注油后，只能根据换能器工作时的声音来判断其工作情况。为了保护换能器，在未装入皮囊并注油前的测试中，调压器给发射声系提供的交流电源电压尽可能低，只需要听到换能器的声音即可。

4. 仪器系统级别的测试接口

仪器在出厂验收前后、测井作业前后都需要进行测试。调试诊断系统对仪器系统的调试是指，系统实现地面系统和遥测短节的功能，代替它们对整个仪器（主控短节+接收声系+隔声体+发射声系）进行测试。新型三维声波测井仪器有完整数据上传模式和抽查数据上传+井下存储模式两种工作方式：前者属于慢速测井，速度不超过120m/h；后者属于快速测井，速度可达到480m/h。不管是哪种工作方式，对仪器的整体调试都包含两部分：一是仪器的发射和采集功能；二是数据的上传和存取功能。

图 6-11 所示是三维声波测井仪器的系统测试接口。总线通信板的 CAN 和 RS485 双总线结构控制仪器的命令下发和数据上传，使仪器能够进行正常的发射、接收和数据上传工作。数据读取板是基于 USB 接口进行人机交互的，设计的 FDRB 总线接口用于快速读取存储器数据以测试存储功能是否正常。

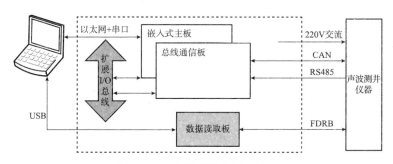

图 6-11　仪器系统的测试接口

图 6-12 是读取 Flash 数据的现场图，只需要将数据读取插头（220V 交流电源和数据读取双绞线）连接到主控短节上端，就可以读取 Flash 存储器中的数据并上传到上位机。

图 6-12　Flash 数据读取的现场图

第 2 节　调试诊断系统的扩展人机交互接口设计

以太网作为调试诊断系统的人机交互接口，在主从式系统架构中发挥着很大的作用。但是，使用该交互接口意味着，即使很简单的测试也需要使用至少 2 块电路板（嵌入式主板和功能接口板），还需要重新设计通信接口，这使得测试实现起来更复杂。实际上，声波测井仪器调试诊断中的有些测试过程，尤其是元器件测试，只需要简单的 UART 串口就可以实现人机交互测试功能。此外，USB 接口和无线透传模块的使用，会使调试诊断系统能够更好地适应上位机和测试环境的变化。下面逐一进行介绍。

1. UART 交互接口

上位机和下位机通过低速 UART 串口可以传输小量数据信息，主要显示下位机系统运行状态并支持简单的人机交互。通过自主编程实现的上位机串口软件可以根据测试需要进行各种修改，比现成的串口调试助手软件更能适应各种应用场合。图 6-13 所示是在 VS2010 环境中，基于 MSComm 控件开发的上位机串口测试软件界面。MSComm 控件是微软公司提供的简化 Windows 下串行通信编程的 Active X 控件。通过该控件，上位机与下位机可以按照一定波特率、8 位数据、1 位停止位、无奇偶校验的方式进行串行通信。设计中，利用了该控件的标准通信函数实现了数据的格式化发送和接收，上位机的发送采用主动方式而接收使用事件驱动方式。

图 6-13　上位机串口软件界面

2. USB 交互模块

笔记本电脑一般没有 DB9 的 RS232 接口，基于网络和 USB 的接口成为人机交互的主要方式。随着接口技术的发展，许多器件的访问接口都可以与 USB 进行转换，从而实现上位机的快速访问，比如 USB-I2C、USB-TTL 模块等。此外，USB 接口硬件电路简单、传输速度更快，可以同时适用于笔记本和台式机。因此，基于 USB 的交互接口设计是调试诊断系统未来发展的一个趋势。目前使用的主要是基于 USB2.0 和 USB3.0 协议的接口，可以分别通过 Cypress 公司的 USB 芯片 CY768013A 和 CYUSB3014 来实现。

使用 USB-TTL 模块可以大大简化 UART 串口通信的硬件电路。图 6-14 所示为 USB 转串电路的原理图，该模块以 USB 转串芯片 CH340 为核心，两端分别接上位机的 USB 端口和下位机的 UART 串口。如此一来，上位机只需要有 USB 端口，就可以与下位机进行 UART 通信，这在笔记本作为上位机的调试诊断中特别有用。

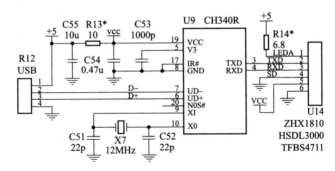

图 6-14 USB 转串电路的原理图

3. 基于无线透传模块的通信

在声波测井仪器的调试诊断中，往往会出现特殊的测试环境，比如高温高压的危险环境、井口现场测试、仪器旋转情况下的动态测试等。在这些场合中，传统的串口、以太网通信都不太方便或者无法使用。基于无线通信模块，实现中长距离的非接触式测试，可以解决以上问题。调试诊断系统中设计了基于 WSN-02 的无线透传模块。

WSN-02 是一款尺寸小、稳定性高、功耗低的无线透明数据收发模块。图 6-15 所示是该无线透传模块的实物及其接口定义，它支持 3.3V 和 5V 两种供电方式，可以使用 TTL 电平和 RS485 电平两种接口。它采用了多频段、多信道（256 信道）、循环冗余校验和交织白化等算法来降低传输过程中的干扰，以提高模块的传输性能和灵敏度。通信协议的转换和数据的收发控制均在模块内部自动

从左到右管脚分布			
管脚	名称	方向	说明
1	3.3V	—	模块3.3V供电
2	GND	—	地
3	5V	—	模块5V供电
4	RXD	Input	模块接收
5	TXD	Output	模块发送
6	RST	Input	复位控制
7	SET	Input	设置模块参数
8	SLP	Input	休眠控制

图 6-15 无线透传模块的实物及其接口定义

完成，串口速率和无线速率可高达 115200bps 并可以通过软件配置。接收工作电流小，灵敏度高达 -120dBm，传输距离可达 1000m 以上，发射功率最高达 20dB 并且可以配置。用户可以通过 PC 机串口、单片机串口或者远程无线等方式，设置模块的各种工作参数。该模块可以在安防报警、汽车防盗、轮胎压力监测、商店无线 POS 系统、仓库管理、智能家居管理等方面得到很好的应用。

图 6-16 所示为无线透传模块的使用方法，其中 WSN-02 模块一般成对使用。一个 WSN-02 模块与多个功能模块通过 TTL 总线连接在一起，另一个 WSN-02 模块以 TTL 电平的形式与 USB-TTL 模块连接，后者通过 USB 传输线连接到 PC 机。从整体上看，两个 WSN-02 无线透传模块相当于额外增加的中远距离或者非接触式传输驱动模块。如果将这两个模块去掉，PC 机仍然能够访问功能模块，只是访问距离有限，访问方式必须是接触式。

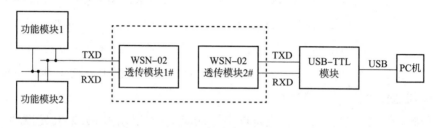

图 6-16 无线透传模块的使用方法

参考文献

[1] 龚建伟，熊光明. Visual C++/Turbo C 串口通信编程实践［M］. 北京：电子工业出版社，2004.

[2] 幺永超，鞠晓东，卢俊强，等. 随钻声波测井仪总线转换接口设计［J］. 测控技术，2016，35（8）：107-110.

[3] 秦贞宇，卢俊强，鞠晓东，等. USB3.0 的高速声波测井仪通信接口设计［J］. 单片机与嵌入式系统应用，2019，8：44-49.

[4] 上海奇籁电子科技有限公司. WSN-02 无线数传模块说明书［OL］. www.qilai-tech.com.

第7章 调试诊断工艺与实例

声波测井仪器是一个大规模的复杂系统,在进行调试诊断中,必须严格遵守一定的测试规程,才能保证调试诊断效率,才能防止故障扩大化等事故的发生。本章首先介绍声波测井仪器的调试诊断工艺,然后介绍调试诊断系统在仪器组装和维修过程中的应用方法。

第1节 调试诊断工艺

工艺是指劳动者利用各种生产工具对各种原材料或半成品进行加工与处理,最终使其成为成品的方法与过程。工艺文件是如何实现最终产品的过程性文件。调试诊断工艺文件是在仪器样机调试诊断的基础上逐步编写的,是新仪器研发、仪器组装和维修等工作中各个工序的指导性文件,一般包括调试诊断内容、所需的工具与仪器仪表、调试的方法和步骤、调试连线图、调试条件与相关注意事项等内容。

调试诊断工艺文件编制得是否合理,直接影响着仪器调试诊断工作的效率和质量,它需要考虑以下几个方面:

(1) 在充分理解系统的组成结构和工作原理,掌握各个模块的测试需求与所需要的输入输出信号的基础上,确定尽可能简单的调试诊断方法和步骤,调试诊断的内容应该尽可能具体和清晰;

(2) 充分考虑被测试对象中元器件间、各模块间的相互影响;

(3) 考虑测试人员的技能水平,考虑现有的设备与条件,同时考虑组装和维修时的实际情况;

(4) 尽可能考虑调试诊断所需设备的通用性与可靠性、操作简单、使用安全以及维修方便;

(5) 尽量采用新技术与新工艺,提高调试诊断的工作效率与工作质量。

为了提高调试诊断系统的通用性,功能模块电路板在实现具体功能的基础上尽可能地考虑了通用性,定义的调试诊断接口尽可能与仪器的实际连接端口在线序和方向方面一致。为了提高系统的易操作性,上位机控制软件中设计了不同对象的测试控制模块。与此同时,形成了初步的调试诊断工艺文件,用于指导和规范调试诊断工作。

声波测井仪器的调试诊断工艺文件涵盖了仪器不同阶段(研发、组装和维修等)、不同级别(系统、短节、电路板和元器件)、不同对象的调试诊断方法和过程。发射声系的测试分两种情况:未装入皮囊前的测试和装入皮囊并充油后的测试。本书以发射声系未装入皮囊前的测试为例,介绍工艺文件的主要内容。表7-1列举了该情况下测试的主要工艺项目及具体工艺内容。调试诊断工艺文件的设计重点突出了安全第一、测试的内容不能少、测试的顺序不能乱3个方面。通过工艺文件,可以很方便地了解如何正确、高效地完成被测试对象的调试诊断任务。将调试诊断工艺作为调试诊断技术的重要内容,与设计的调试诊断系统配合,可以大大降低调试诊断工作对测试人员的技能要求。

表7-1 发射短节未装入皮囊前测试的主要工艺

工艺项目	工艺内容
测试工具与材料	调试诊断系统、0~220V交流电调压器、含匹配电阻的底鼻、示波器和分压电阻网络(可选)、U形油槽、硅油
测试环境	发射短节整体置于油槽中,至少单极子和偶极子换能器全部浸泡在硅油中
测试内容	(1)发射短节15V低压电源的电流是否正常; (2)发射短节的SSB总线时钟和数据线噪声是否在正常范围内,从节点功能是否正常; (3)换能器工作状态与控制命令、调压器供电电压是否相匹配
测试步骤	(1)将发射短节置于油槽中,给油槽注油,使其浸没换能器; (2)给发射短节进行15V直流供电,测试短节静态下的电流; (3)在上一步骤正常的情况下,由小到大地调节调压器,听不同电压下换能器的声音,测试SSB总线噪声和高压激励脉冲等波形
注意事项	(1)高压危险,禁止带电操作; (2)上断电顺序不能反,上电时,先15V直流供电,然后交流调压器供电;断电顺序相反; (3)常温常压下,换能器不能长时间测试,尤其是偶极子换能器; (4)测试高压激励脉冲信号时,一定要有分压电阻网络,不能直接接示波器或信号采集板; (5)换能器必须全部浸泡在硅油中,未完全浸泡或者在空气中,只能加几伏的交流电压来短时间测试

第 2 节　调试诊断系统在仪器组装和升级过程中的应用

仪器的组装是由部分到整体的集成过程，所以组装过程中的调试顺序也是由部分到整体的。仪器的升级一般都是局部进行的，主要升级关键的元器件或模块，所以升级过程中的调试主要是元器件级别和电路板级别的测试。本书按照元器件、电路板、短节和仪器系统的测试顺序介绍调试诊断系统在仪器升级和组装过程中的应用。

1. 元器件测试

元器件测试一般包括常温下测试和高温（175℃及以上）下测试两个环节，只有性能随温度变化小、高温下稳定的元器件才能投入使用。本书以变压器与发射换能器、接收换能器、Flash 存储器和测斜模块的测试为例，介绍调试诊断系统在元器件级别测试中的应用方法。

1) 变压器测试

发射换能器的测试主要包含以下几方面的内容：①发射换能器的静态主频、导纳和容抗等参数；②发射换能器的性能随温度的变化，多个变压器性能的一致性；③发射换能器与自行绕制变压器的匹配程度，寻求最佳的控制脉冲宽度、变压器初次级线圈的匝数；④线性阵列和圆弧阵列换能器的时频特性、水平指向性和垂直指向性，确定最佳延迟激励时间等参数。

图 7-1 是三维声波测井仪器中使用的变压器实物及其示意图。该变压器的初级线圈线径为 0.72mm，可选匝数为 70、80 和 120，次级线圈线径为 0.31mm，可选线圈匝数为 500 和 600。通过选择不同的初次级线圈匝数，可以对发射激励控制板输出的高压方波脉冲信号进行不同程度的升压。

对新绕制变压器的测试是通过调试诊断系统激励发射换能器、比较激励波形来实现的。将待测的变压器与实际使用的发射换能器连接，测量不同初次级线圈匝数下的激励波形。图 7-2 所示是激励直流电压为 550V、激励脉冲宽度为 30μs，不同初次级匝数下测试的激励波形。可以看出，初次级匝数比是 80∶500

时，激励波形的幅度最大，主峰后的第二峰较小，是该发射换能器最佳的变压器参数。

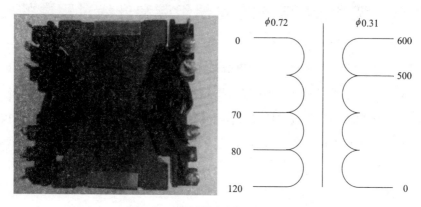

图 7-1 变压器实物及其示意图

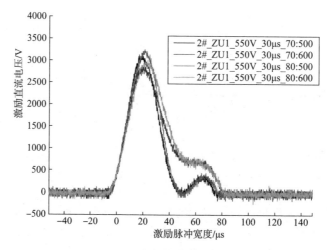

图 7-2 不同初次级匝数下的换能器激励效果图

2）发射换能器测试

发射换能器的测试除了常规的静态主频、导纳和容抗等参数外，还需要测试正常工作时换能器两端的高压脉冲信号，发射换能器（或阵列）向三维空间辐射声场的水平指向性和垂直指向性等内容。指向性测试在消声水池中进行，通过调试诊断系统的换能器激励控制接口进行激励发射工作，通过水听器采集发射换能器产生的声波全波列信号，然后送到调试诊断系统的上位机进行处理。测试时，换能器与水听器在水池坐标系中的 x 和 z 坐标（深度方向）相同，而与 y 坐标相差 2m。图 7-3 所示是单极子换能器工作时的高压激励脉冲和归一化后的水平指向性图。从图可以看出，单极子换能器工作时的高压脉冲的峰值电压能够达到 2800V 以上，主要能量集中在 50μs 内，换能器向周围空间辐射声场的水平指向性也比较好。

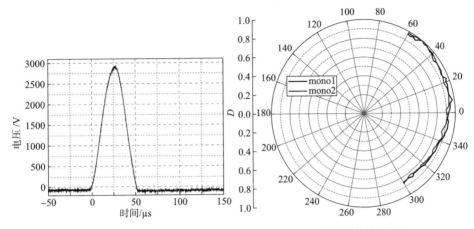

图 7-3　单极子换能器的高压激励脉冲与归一化水平指向性图

图 7-4 所示为单极子换能器阵列在不同延时激励条件下的垂直指向性，其中图 7-4（a）是垂直指向性的测量方法，图 7-4（b）是处理后得到的归一化垂直指向性。测量垂直指向性时，下单极子先发射而上单极子后工作，水听器在 xoz 竖直平面内，以待测发射器的几何中心 o 为圆心、半径为 2000mm、圆心角在 $-60°\sim60°$（同一 z 坐标时为 $0°$）的圆弧上，以 $1°$ 为步进角度进行运动并测试发射换能器发出的脉冲声波信号。由图 7-4 可以看出，在 $0\sim40\mu s$ 延时激励时间

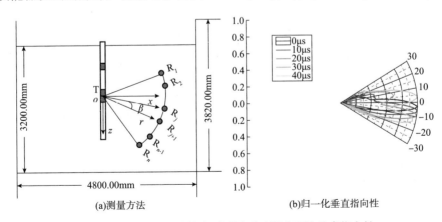

图 7-4　单极子换能器阵列不同延时激励下的垂直指向性

范围内,随着延时的增大,主瓣方向逐渐由0°向-30°方向偏转(朝上单极子方向),脉冲声波信号的最大幅度逐渐减小并逐渐出现旁瓣(20μs以后)。当延时为40μs时,旁瓣的幅度已经大于主瓣幅度,且偏转方向朝向下单极子方向,与期望的结果截然不同。因此,发射换能器阵列在特定机械安装尺寸条件下,线性延迟激励发射的时间需要选择合适的参数且不能太大。

3) 接收换能器测试

测试接收换能器主要是测试换能器接收到的时域波形及其频谱曲线,绘制水平指向性图,计算接收灵敏度等级、3dB角宽等参数并评估它们的一致性。测试工作在消声水池中进行,时域波形和频谱曲线是换能器正对单极子发射器时得到的。通过调试诊断系统的换能器测试接口可以完成单极子换能器的激励和接收换能器信号采集的功能。

图7-5所示为接收换能器的水平指向性图,它是由每个接收振子随着测试骨架旋转一圈,在不同位置处接收直达波波形并取其峰峰值绘制的。图7-5(a)和图7-5(b)分别是归一化前后的水平指向性图。图7-5(a)是将原始数据对应的方位角度减去振子正对水听器时所转过的角度,然后绘制得到的统一的、以正对发射器为对称轴(0°方向)的水平指向性图,图中的电压数据是从峰峰值数据换算来的并且以mV为单位(峰峰值数据×1000/放大倍数)。

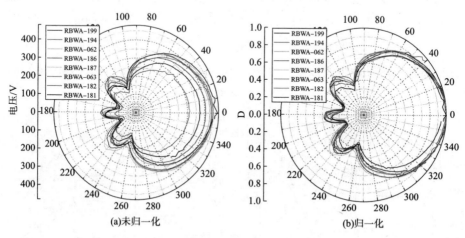

图7-5 接收换能器的水平指向性

表7-2所示是8个接收振子正对单极子发射器时接收到的直达波峰峰值、灵敏度与3dB角宽数据。直达波峰峰值(mV)、灵敏度级(dB,参考量1V/

μPa)、3dB 角宽（°）都是由数据处理软件直接得出的，灵敏度（μV/Pa）和灵敏度级（参考量1mV/Pa）是通过式（7-1）和式（7-2）计算得到。从图7-5 和表 7-2 可以看出，8 个接收振子的一致性较好，可以用作一个接收站内间隔45°排列的 8 个接收换能器并使用相控圆弧接收算法来提高仪器的方位分辨率。

$$\text{灵敏度} = \text{振子峰峰值（V）} * 17.78 / \text{水听器峰峰值（V）} \quad (7-1)$$

$$\text{灵敏度级（参考量 1mV/Pa）} = \text{灵敏度级（参考量 1V/μPa）} + 180 \quad (7-2)$$

表 7-2 接收振子接收到的直达波峰峰值、灵敏度与 3dB 角宽

接收器	峰峰值/mV	灵敏度级/dB（参考量 1V/μPa）	灵敏度/（μV/Pa）	灵敏度级/dB（参考量 1mV/Pa）	3dB 角宽/(°)
RBWA-199	372.33	-206.32	48.31	-26.32	143
RBWA-194	405.13	-205.59	52.56	-25.59	148
RBWA-062	429.85	-205.05	55.77	-25.05	150
RBWA-186	440.07	-204.87	57.10	-24.87	155
RBWA-187	449.23	-204.69	58.28	-24.69	158
RBWA-063	448.93	-204.69	58.25	-24.69	147
RBWA-182	313.88	-207.80	40.72	-27.80	155
RBWA-181	473.87	-204.23	61.48	-24.23	131
平均值	416.66	-205.40	54.06	-25.40	148.37
水听器	137.04	-215.00	17.78	-35.00	—

4）Flash 存储器测试

高温下稳定的存储器与有效的温度补偿算法结合，有助于提高井下存储器的可靠性。Flash 存储器在使用前要进行高温稳定性抽查测试来评估整批芯片的质量，然后进行老化测试，筛选出性能稳定的芯片。测试时，使用调试诊断系统的 Flash 存储器测试接口按照表 5-4 所示的交互管理对应表，选择所需的测试模式并实时显示相应的测试结果。

为了模拟实际测井的井下数据存取环境，存储器的筛选工作由不带电高温老化实验和带电完整测试两个步骤组成。不带电高温老化实验是指给所有存储器不上电，将它们放置于烤箱中加温至 175℃，持续 2h 后降温，测试加温前和降温后室温条件下存储器的性能变化，初步判断存储器是否彻底损坏。带电完整测试是指选择表 5-4 中的命令编码对存储器在以下 3 种情况下的性能进行测试：①室温下写入数据，加温到 175℃并持续 2h，降温至室温后读取；②175℃稳定后写入数据，持

续 2h 后降至室温读取；③任意温度下实时写入数据并读取。

按照图 7-6 所示的流程，可以对一个新的 Flash 存储器进行完整的测试。上位机实时显示的信息如图 7-7 所示，包括当前完成读写测试的次数，当前测试写入的数据，当前页出现读取错误的次数及块、页位置，整个测试过程累积读取错误的计数等。比如图中显示片选 CE1、块 8082、页 41 中发生 1 个字的读取错误，在第 863 字数据处读取到错误数据为 0xAAA2（正常为 0xAAAA），当前不带 EEC 处理的累积读取错误 85 次，而带 ECC 处理的累积读取错误为 0。

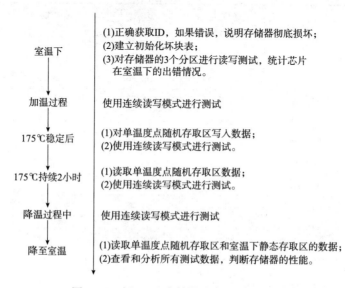

图 7-6 新 Flash 存储器的完整测试流程

```
Finished erase and write times:
00065
Data written in LAST cycle:
0xAAAA

Page read error Block and Page:
00001   00001   08082   00041
00863
AAA2

Total number of bad blocks in CE1:
00004
Position number of bad blocks in CE1:
04331   05708   07867   08124
Total times of read error WITHOUT ECC in CE1:
00085
Total times of read error WITH  ECC in CE1:
00000
```

图 7-7 上位机实时显示信息

按照上述方法，我们对三星、镁光、智腾等公司生产的多种 Flash 存储器进行了检测，发现三星的存储器在高温下比较可靠。在此基础上，我们对 28 个三星存储器进行了测试，现象和初步结论如下：

（1）第一次不带电加温实验后，28 个存储器中有 4 个彻底损坏，2 个有新的坏块产生。第二次不带电加温实验后，没有彻底损坏的存储器出现。因此，不带电高温老化实验可以有效地剔除严重不满足要求的存储器。

（2）在剩余的 24 个存储器中随机挑选 5 个，进行了完整的带电加温测试，统计的读写操作开始出错温度、带 ECC 处理和不带 ECC 处理两种方式下读取数据的错误数、错误类型以及错误位置（如表 7-3 所示），其中 CE0 和 CE1 为每个存储器中两个片结构的片选标志。部分存储器在加温到 150℃ 后，就开始出现页内单比特位翻转错误，且出错的块、页、列地址固定，未出现单页内多比特位翻转和多处错误的情况。由于 ECC 算法可以校正页内单比特位翻转的错误，所有存储器在 175℃ 的高温读写实验中，带 ECC 处理的数据读取错误数均为 0。实验结果表明：第一，存储器在测井高温条件下会出现比特位翻转、擦除失败甚至彻底损坏等故障，高温老化实验可以筛选出满足要求的存储器；第二，三星的该款存储器在测井高温下的比特位翻转以页内单比特位翻转为主，ECC 算法能够起到很好的温度补偿作用，使存储器可以在测井要求的 175℃ 高温环境中工作。

表 7-3 存储器读写错误统计表

编号	片选	开始出错温度	错误数（无 ECC 处理）	错误数（ECC 处理）	错误类型	错误位置
1	CE0	170℃	26	0	页内单比特位翻转	一处
1	CE1	—	0	0	—	无
2	CE0	—	0	0	—	无
2	CE1	—	0	0	—	无
3	CE0	—	0	0	—	无
3	CE1	155℃	373	0	页内单比特位翻转	三处
4	CE0	—	0	0	—	无
4	CE1	—	0	0	—	无
5	CE0	—	0	0	—	无
5	CE1	150℃	2960	0	页内单比特位翻转	多处

5）测斜模块的测试

测斜模块的测试主要是判断其 I2C 总线通信功能是否正常，加速度分量（A_x、A_y、A_z）、井斜角（DEV）和工具面角（RB）在定义的坐标系中是否与模块所处的姿态一致。该模块的测试有两种方法：一种是如图 7-8 左图所示，在参考对象姿态参数粗略估计的情况下进行，主要用于功能性测试；另一种如图 7-8 右图所示，使用专门的测斜校准装置进行精密测试和刻度。表 7-4 所示是采用第一种方法测试的坐标系极性与加速度分量及姿态参数的对应关系。可以看出，坐标系的定义和加速度分量在 3 种极端状态下是统一的，即仪器坐标系正方向轴与重力方向一致时加速度分量为负，否则相反；与此同时，DEV 和 RB 值与预期的姿态值相符合，这说明模块表面贴的坐标系定义与内部实现是一致的。

图 7-8　测斜模块的两种测试方式

表 7-4　坐标系极性与加速度分量及姿态参数的对应关系

序号	状态	姿态图	加速度分量
1	X 正方向朝上		A_x 1.0001 A_y -0.0228 A_z 0.0117 DEV 90.67 RB 1.31

续表

序号	状态	姿态图	加速度分量	
2	Y正方向朝上		A_x	−0.0020
			A_y	0.9998
			A_z	0.0180
			DEV	91.03
			RB	269.89
3	Z正方向朝下		A_x	0.0339
			A_y	−0.0016
			A_z	−0.9995
			DEV	1.95
			RB	2.69

2. 电路板测试

电路板级别的测试主要包括模拟处理板、随钻主控电路板和随钻发射控制板三个部分，其中模拟处理板测试的工作量最大。

1) 模拟处理板的测试

调试诊断系统从两个方面对模拟处理板进行检测以评估各个通道的一致性，检查元器件焊接错误与损坏等故障：一是在相同增益控制条件下，测量模拟处理板上各通道的通频带特性；二是测试不同增益控制条件下输出信号的放大倍数并检查它们与增益控制码之间的匹配性。

利用调试诊断系统提供的模拟处理板测试接口给模拟处理板输入不同频率的正弦波信号并采集该板的输出信号，即可得到各模拟处理通道的通频带特性。图7－9所示是模拟处理板的通频带特性图，它是在增益控制码相同的条件下，对同一个接收站中4块模拟处理板上的8个通道进行扫频测试并归一化处理后得到的。可以看出，除B2－1以外的7个模拟处理通道的通频带特性相近，且信号在

2~18kHz 范围内几乎无衰减；B2-1 通道在各个频率点下的归一化幅度都约为另外 7 个通道幅度的一半。这说明 B2-1 通道所在的电路板有问题，而其他 3 块电路板的一致性较好。

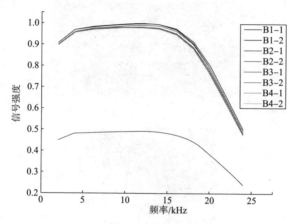

图 7-9 模拟处理板各通道的通频带特性

模拟处理板的增益控制模块是仪器对不同强度的声电转换信号进行自适应和程控放大的关键，必须进行准确的测试。在仪器中，模拟处理板各通道的增益通过 5 条增益控制线（AG4-AG0）进行选择，其中 AG4-AG3 为一组，AG2-AG0 为一组，控制信号为高电平时对增益控制起作用。按照每一位信号的高低电平进行列举组合，形成了 11 组实际使用的增益控制码，可选增益范围为 0~66dB，步进量为 6dB。

通过调试诊断系统测量模拟处理板的输出信号和输入信号的幅度，可以评价各通道的实际增益与增益控制码之间的一致性。表 7-5 是输入信号频率为 10kHz 时，各个模拟处理通道的增益控制码、预期增益与实际测试增益之间的对照表。从表中可以看出，除 B2-1 以外的 7 个通道在所有增益控制码下的实际放大倍数基本一致，而 B2-1 通道在每个增益控制码下的实际放大倍数都是其他通道的一半。分析图 7-9 和表 7-5 可以看出，B2-1 通道的故障在信号全频率段和各个控制码下都是存在的，这说明该通道的故障原因与滤波和程控放大模块没关系，应该在更靠前的公共电路部分。进一步检查发现，该通道前置固定增益电路的 100Ω 反馈电阻错误地焊接成了 49.9Ω。将电阻更换后，B2-1 通道恢复正常。

表7-5 模拟处理板各通道增益控制码与实测增益对应表

增益控制码	00	01	02	03	04	05	06	07	10	20	30
预期增益	1.00	2.00	4.00	8.00	16.00	32.00	64.00	128.00	64.00	2.08	128.00
B1-1gain	1.04	2.08	4.13	8.50	17.08	34.15	68.38	135.48	69.54	2.08	139.20
B1-2gain	1.04	2.08	4.12	8.53	17.09	34.27	68.46	136.09	69.89	2.08	139.24
B2-1gain	0.53	1.03	2.05	4.25	8.46	17.06	34.07	67.98	34.78	1.03	69.45
B2-2gain	1.03	2.05	4.06	8.44	16.92	33.92	67.75	134.91	68.93	2.07	137.73
B3-1gain	1.03	2.06	4.09	8.50	17.03	34.19	68.30	135.77	69.65	2.06	138.62
B3-2gain	1.03	2.05	4.07	8.45	16.96	34.00	67.99	134.68	68.73	2.05	137.50
B4-1gain	1.03	2.05	4.07	8.45	16.95	34.01	67.91	133.50	66.75	2.05	137.80
B4-2gain	1.03	2.05	4.07	8.46	16.94	34.00	67.91	134.41	68.57	2.06	137.92

2)随钻主控电路板的测试

随钻声波测井中使用的主控板主要实现CAN总线通信、仪器内部控制总线、Flash数据存取等功能。CAN总线通信可以使用CAN盒进行测试，Flash数据存取功能通过Flash测试接口进行读写操作。仪器内部控制总线由时钟线SCL、数据线SDA和地线GND组成。该总线由主控板上的DSP和FPGA共同实现，其中，DSP将CAN协议转换为内部控制总线协议，FPGA实现总线数据的带驱动透传。图7-10所示为仪器工作时SDA和SCL的测试波形图，从图可以看出，总线在有效命令信号发送完后有严重的干扰信号（如虚线框内所示）。由于干扰信号的频率远远大于总线信号传输的频率，因此在该总线的发射声系节点和

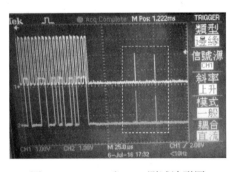

图7-10 SDA和SCL测试波形图

接收声系节点处加入了低通滤波功能，防止了总线动作的误触发，保证了总线命令解析的正确性。

3)随钻发射控制板的测试

随钻声波测井发射模块中，单极子模式和四极子模式均是通过激励圆周上4个圆弧状换能器（X+、X-、Y+、Y-）并进行组合形成的，其中Y-和Y+共用激励控制信号。图7-11所示为随钻上Y和下Y的控制信号，其中通道1为下Y控制信号。这与单极子发射控制脉冲宽度25μs、单极子发射线控延迟30μs

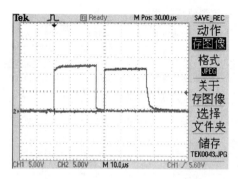

图7-11 随钻上Y和下Y控制信号

的预设参数是一致的，说明发射控制板的该部分正常。

3. 短节级别测试

短节级别的测试包含主控短节、发射声系和接收声系测试3个部分。主控短节除了进行供电输出测试外，CAN、RS485和SSB总线的测试需要先进行CAN总线的独立调试，然后在其驱动下进行RS485和SSB总线的测试。发射声系先测试SSB总线的从节点功能，然后测试其高压激励功能。对接收声系的调试可以分为3个阶段进行：一是短节装入皮囊前的接触式测量；二是装入皮囊之后、空气中的非接触式测量；三是水池实验测试。其中，接触与否是指模拟输入信号与电子线路是否直接连接，空气中的非接触式测量干扰因素多，只能进行定性测量。下面详细第一和第三种测试方法。

对接收声系的接触式测试主要是观察各采集通道（不含接收换能器）在不同增益控制时采集波形的变化情况。图7-12所示是接收声系装入皮囊之前测试的第1站上传的波形图。它是利用调试诊断系统在以下条件下测量得到的：①模拟信号发射模块产生10kHz、20mV的正弦波信号，先衰减100倍，然后加到接收声系第1站中第1~4通道的采集电路输入端；

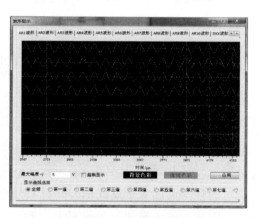

图7-12 接收声系第1站上传的波形图

②上位机软件中选择"M_A模式+XY_XY模式"，其中M_A模式采样间隔为8μs，采样深度为2048字，第1站增益手动设置为66dB，上传数据类型为抽查数据且其起始位置为第256字，抽查长度为256字。从图中可以看出，第1~4通道的波形形态和幅度相近，且频率在10kHz左右，而第5~8通道的波形为噪声经过放大、滤波的结果。这与预期相符合，说明这4个通道的采集电路正常。

图7-13所示为接收声系水池测试场景图。水池测试时，接收声系挂在航吊

上,使用手拉葫芦调节短节所在的高度,使用激光笔指示各个换能器所在的方位。单极子发射器挂在定位系统的探头 1 上,通过找心,可以使发射器与被测接收换能器阵列处于水池同一高度(z 坐标相同)且 y 坐标相同,仅在 x 方向上相距 2m。调试诊断系统一方面激励单极子发射器工作,另一方面采集各个换能器接收并转换的声

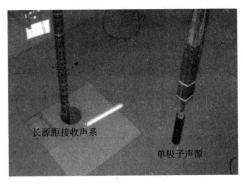

图 7-13　接收声系水池测试场景图

电信号。声波激励控制模块经过初次级匝数比为 78∶800 的变压器后,输出的激励脉冲峰值电压大约为 3600V。

图 7-14 所示为 R9 阵列冲洗前后 A1~A8 这 8 个接收器正对发射器时的时域波形、频域波形对比图,其中(a)、(b)分别为冲洗前后的时域波形图,(c)、(d)分别为冲洗前后的频谱图。由(a)和(b)可以看出,冲洗前时域波形的直达波峰峰值差异很大,而冲洗后差异很小;由(c)和(d)可以看出,冲洗前后 A1~A8 的频谱主频发生移动,冲洗前主频大概在 17kHz 且一致性较差,而冲洗后主频在 10kHz;冲洗后的频谱一致性比冲洗前好。

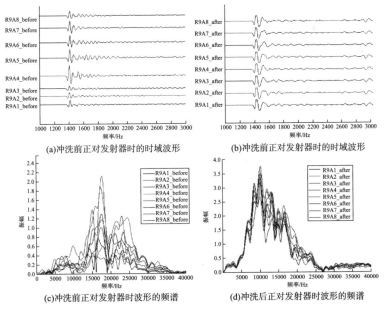

图 7-14　冲洗前和冲洗后方位发射换能器激励产生波形的时频特性

表 7-6 所示为 R9 阵列中 A1~A8 换能器冲洗前后的一致性统计表,从表中可以看出,冲洗前后测试的峰峰值数据差距很大,冲洗后不仅峰峰值电压幅度大,而且归一化的一致性很好,为 0.975~1。冲洗前的归一化为 0.25~1,而且差异性太大,数据不可用。这说明,在发射声系和接收声系的水池实验过程中,一定要注意冲洗皮囊表面的气泡。

表 7-6 R9 阵 A1~A8 冲洗前后一致性统计表

换能器编号	冲洗之前			冲洗之后		
	峰峰值	峰峰值电压/V	归一化	峰峰值	峰峰值电压/V	归一化
R9A1	2328	0.355	0.367	62269	9.501	0.9999
R9A2	2004	0.306	0.316	62276	9.503	1.0000
R9A3	1591	0.243	0.251	62247	9.498	0.9995
R9A4	6348	0.969	1.000	61127	9.327	0.9815
R9A5	4729	0.722	0.745	62141	9.482	0.9978
R9A6	3939	0.601	0.621	60948	9.300	0.9787
R9A7	4253	0.649	0.670	62028	9.465	0.9960
R9A8	2672	0.408	0.421	62009	9.462	0.9957

4. 仪器系统测试

调试诊断系统对声波测井仪器进行整机调试,主要判断以下几个方面是否正常:①仪器在不同的工作模式(比如"M_A 模式 + XY_XY 模式")下,发射声系中的换能器能否按照协议规定的顺序周期性地激励发射,且强度与频率正常;②上位机收到的接收控制节点状态是否正常,所有接收波形是否正常,有无毛刺、遗漏等现象;③井下 Flash 中存储的数据能否正常读取和回放,且读出的数据与测井时上传到地面的部分数据是否一致。

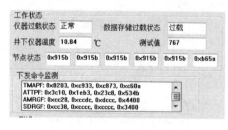

图 7-15 仪器工作状态显示

图 7-15 是上位机界面上的仪器工作状态显示,包括仪器由于测井速度过快而导致一个周期内数据未全部上传完的上传数据过载、存储故障引起的数据存储过载、井下仪器温度、测试周期数、6 个 SSB 总线的节点状态、下发的 CAN 总线原始命令等。

图7-16所示为仪器在自动增益条件下第一站采集到的噪声波形。可以看出,该站8个通道的波形幅度和波形形态基本一致,说明该接收控制节点和这8个数据采集通道工作正常。其他站的波形与该站的波形类似,且参数设置界面显示的增益相同,说明仪器的接收声系没问题。

图7-17所示为井下数据读取控制软件。通过调试诊断系统的Flash数据读取接口,上位机将井下Flash中的数据读取到PC机并保存成.BarFlashBin原始数据文件。将该原始文件与仪器工作时通过遥测短节上传并保存的.LRD抽查数据文件进行匹配和解析,可以生成一个能够回放和进一步处理的.CXF文件。从回放的数据中可以看出测井作业的起止深度、仪器的工作参数等信息。从回放的波形可以看出仪器在各个模式下采集的数据是否异常。测试时,通常使用接收控制节点FPGA中或者主控电路板上DSP中的已知仿真数据来测试存取功能,从而判断仪器的存储模块是否正常。

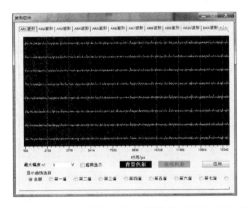
图7-16 自动增益条件下仪器采集的噪声波形

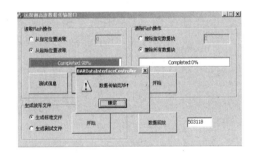
图7-17 井下数据读取控制软件

第3节 诊断系统在仪器维修过程中的应用

仪器的维修检测过程实质上就是从整体到局部逐步定位故障的位置、查找故障原因的诊断过程。使用调试诊断系统,按照调试诊断工艺,可以高效地完成仪器维修过程中的故障诊断。诊断的流程一般如下。(1)查看故障现场的记录,进行故障数据的回放,确定故障发生的时间、深度、温度、电压和电流等基本信息,判断故障发生的大概位置(比如短节),判断故障是全局性的还是局部性的。(2)确定诊断流程和方案:确定还原故障现象的方法,比如局部加热法、模拟信号法等;确定测试需要用到的调试诊断接口,确定需要采集的测试点,确定测试数据的来源和类型等。(3)进行最小单元隔离测试:为了防止故障扩大化,将故障位置逐步具体化,将参与故障诊断的仪器单元尽可能减少,从而实现安全诊断。(4)维修后的调试:将仪器维修好后,按照组装流程中的调试顺序,对仪器进行由部分到整体的测试,以确保维修工作的有效性。

采集波形异常是常见的仪器故障,原因可能是多方面的。下面以电源故障和换能器打火引起的采集波形异常为例,介绍调试诊断系统在故障诊断中的应用。

1. 电源故障引起的采集波形异常诊断

某次测井前,在工房对方位远探测声波测井仪器进行测前检查时发现,仪器上传如图7-18所示的非正常噪声波形。进一步查看后,总结的故障现象如下:①每个接收站中的8道方位接收波形均显示为如图7-18所示的直线,与预期的噪声波形不符合;②无论是井下自动增益模式还是地面手动增益模式,上传的波形都为直线;③地面机箱给整个仪器的供电电流基本正常;④查看上传的原始数据,发现都在0x34CA附近,这也是图中波形呈正电平直线的原因;⑤重新上电后,该故障现象依旧。从表面上看,每个接收波形都有问题,该故障是全局性的,这可能是仪器的接收声系或者主控短节的数据传输部分(M2及其下游模块)出现故障引起的,但具体的故障位置和原因不确定,需要进行进一步的诊断。

由于仪器整体的供电电流正常,所以调试诊断系统按照图4-15所示的采集数据波形异常的智能故障诊断策略进行自动诊断,即按照顺序上传主控短节、SSB总线、ADC输出的仿真数据,进一步判断故障的位置。图7-19~图7-21所示是诊断过程中上位机显示的仿真数据波形。当选择上传主控短节(M3)中的仿真数据时,上位机显示如图7-19所示的锯齿波波形,并且每个通道的波形都是一致的。这与预期相符合,说明M3的下游模块(遥测短节和地面系统)是正常的。

图7-20上传的是接收控制节点(M2)内部的SSB总线仿真数据。每个站中的第1、3、5和7通道的波形为正电平的直线,而第2、4、6和8通道的波形为负电平的直线。这与预期一致,说明M3和M2各接收控制节点间的SSB总线能正常工作。

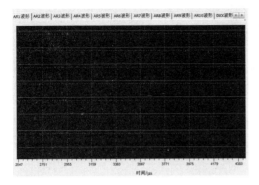
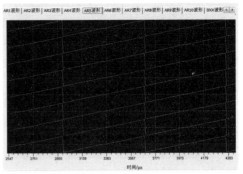

图7-18 仪器上传的异常采集波形　　图7-19 主控短节（M3）上传的仿真数据

图7-21上传的是接收控制节点（M2）生成的ADC输出仿真数据。每个站中的第1、3、5和7通道的波形为负电平的直线，第2、4、6和8通道的波形为正电平的直线，说明ADC的采集控制模块能够正常工作。

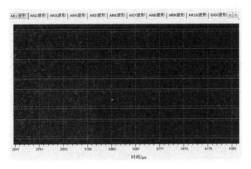
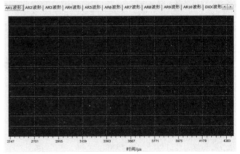

图7-20 接收控制节点（M2）上传的　　图7-21 接收控制节点（M2）上传的
　　　　SSB总线仿真数据　　　　　　　　　　ADC仿真数据

图7-19~图7-21上传的都是正确的仿真数据，这说明故障出现在ADC模块（M1）或者更靠前的模拟处理模块（M0）中。因为故障是全局性的，而M0和M1的子模块具有一定的独立性，所以怀疑是主控短节中给各模拟器件供电的±6V电源出了故障。使用调试诊断系统的电源诊断接口对±6V电源进行带负载测试，发现+6V电源的带负载能力不够。当加上5Ω的电阻负载后，+6V电源的电压只有2.17V。此时，该电源模块的输入电压为正常的16.14V。这说明该电源模块发生故障。更换稳压电源模块LH42094（见图7-22）后重新测试，+6V电源的带负载能力正常，整个仪器也能够正常工作并上传如图7-23的预期噪声波形。

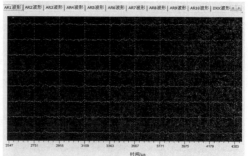

图 7-22　LH42094 实物图　　　　图 7-23　仪器正常时上传的噪声波形图

该故障直观上的表现是采集数据发生全局性异常，但归根结底是主控短节中的电源模块损坏导致的。该实例通过基于故障树和数据驱动的智能故障诊断策略，实现了快速、提前定位故障位置的目的，这是传统的基于仪表的被动诊断方法无法高效实现的。因此，将故障诊断的需求渗透到仪器研发过程中，将基于故障树和数据驱动等定性和定量的诊断方法结合，可以更加有效地进行故障诊断，提高组装和维修过程中诊断的科学性和工作效率。

2. 换能器打火引起的采集波形异常诊断

在随钻声波测井中，没有仪器短节的概念，换能器、变压器和各个电路板都是固定在仪器的机械外壳中并密封的。因此，各个部件与仪器外壳之间的绝缘性是仪器成败的关键因素。其中，发射高压处绝缘性差轻则会使仪器采集的波形数据异常，重则会将仪器电子线路烧毁，必须采取"早发现、早解决"的原则进行处理。下面以实际仪器调试时的一个实例介绍故障诊断的流程。

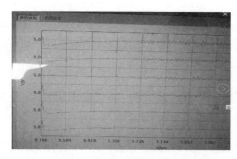

图 7-24　随钻声波测井仪器
Flash 数据回放图

在一次随钻声波测井仪器整体联调时，我们使用井下预置数模式进行测试，读取 Flash 中的数据回放如图 7-24 所示。从图可以看出，在采集数据波形的开始处有明显的干扰以及基线漂移现象，已经影响到井下自动增益的计算，而且可能影响首波到时的提取。其中，单极子波形受到的干扰比四极子波形受到的干扰大，此现象在以前的测试中未发现。为了找到问题的根源和解决的方法,我们使用调试诊断系统对仪器按照以下顺序进行了测试。

(1) 确定故障是否与存储模块有关。我们禁用掉存储功能,使用地面驱动模式上传全部数据进行在线测试。结果上传的波形与图 7-24 类似,这说明故障与存储模块无关。

(2) 显示干扰的全貌和影响范围。我们测试了固定增益为 48dB、不同采集延时（0μs、50μs、100μs、200μs 和 400μs）条件下的单极子和四极子波形,图 7-25 所示是采集延时为 0μs 条件下的采集波形。结果发现,随着延时的增加,干扰显示部分减少,自动增益计算功能受的影响也

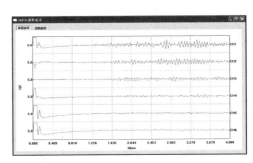

图 7-25 采集延时为 0μs 条件下的采集波形

越小。这虽然给我们提供了一种解决增益受影响的方法,但是也证明干扰是客观存在的,与延时无关,必须进行更多的测试来发现问题的根源。

(3) 不同增益下的干扰测试。我们测试了 0~54dB 增益范围内的采集波形,发现:当增益很小时,干扰和有效波幅度都很小;当增益为 36dB 时,干扰开始显现;当增益为 54dB 时,干扰很明显。这说明干扰是被放大的,因此有必要在采集板上查看干扰的来源。

(4) 测试采集板上 CH1 通道不同测试点处的干扰。我们使用示波器逐级向前查看了 CH1 通道 CH1、CH1F、MP1、R1Y2I 测试点处的干扰波形。图 7-26 是测试点 CH1 处的干扰波形,与上位机显示的波形异常状态高度类似,说明内部控制总线数据传输没有问题。图 7-27 所示是测试点 R1Y2I 处的干扰波形,由于 R1Y2I 是换能器直接输出到采集电路板的信号,因此干扰与采集板没有关系。在此测试过程中,给仪器接收模块供电的电源烧坏,让我们开始怀疑可能是发射高压引起的故障。因此,我们进行了后续测试。

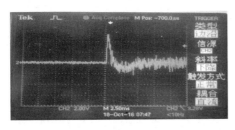

图 7-26 测试点 CH1 处的干扰波形

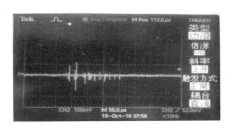

图 7-27 测试点 R1Y2I 处的干扰波形

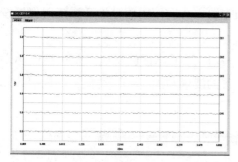

图7-28 发射模块供电电池关闭后的采集波形

(5) 发射不工作时的干扰测试。我们测试了增益为54dB、关闭发射模块供电电池和软件禁用所有发射源（发射模块供电电池打开）两种情况下的波形干扰，图7-28所示为发射模块供电电池关闭后的采集波形。结果显示，这两种情况下波形干扰的幅度均很小。因此可以确定，采集波形异常是由发射模块引起的。具体是由哪一路（上发射器/下发射器的 X+/X-/Y）发射引起的，还需要进一步的测试。

(6) 测试各个换能器激励通道对接收波形的干扰。使用上位机软件选择上X+、上X-、下X+、下X-、上Y和下Y换能器单独工作，测试接收波形。结果发现，前面5个换能器激励时干扰形态类似、干扰幅度比较小；而下Y工作时，采集波形的干扰幅度远远大于其他换能器。因此，怀疑波形异常主要由下Y发射引起。

(7) 测试各个换能器单独工作时的高压激励脉冲。测试在关闭接收模块供电电源的情况下进行。结果表明，上X+、上X-、下X+、下X-、上Y这5个换能器部分的激励脉冲波形比较平滑，而下Y换能器的高压激励脉冲波形如图7-29所示，包含很多噪声而且

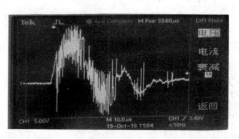

图7-29 下Y发射的高压激励脉冲波形

拖尾严重，这说明该换能器工作时有严重的打火现象。因此，采集波形异常故障很可能是下Y换能器引起的，有必要进行深入的对比性测试。

(8) 禁用掉下Y发射，观察接收波形的异常。为了进一步验证上述初步结论，将下Y发射禁用掉，观察接收波形。结果发现，干扰异常的幅度明显减小但仍然存在，可能是其他原因导致的。干扰幅度明显减小这一现象说明，下Y的高压发射是引起采集波形异常的主要原因。

鉴于上述故障原因和干扰现象的特征，我们将主控电路板上的DSP程序做了两处修改：第一处，将下发射器禁用，并将上下发射器线控延时改为0μs，尽可

能减小干扰；第二处，在计算自动增益时，每道波形的前 30 个数据（前 240μs 的波形不是有用信号）不参与增益计算。修改程序后经测试，干扰降到可接受范围内，且不影响自动增益的计算（图 7-30）。

通过实际组装和调试过程中经历的失败和积累的经验，我们发现随钻

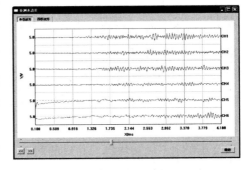

图 7-30 修改程序后的测试波形

声波测井仪器的调试诊断方法有其特殊之处：一旦出现故障，应该首先判断是否由高压激励发射引起并进行有效的隔离，否则可能会造成故障的扩大化，比如我们烧坏了供电电源。通过关闭发射供电电池，使整个发射模块不工作的方法可以实现发射模块的隔离。与此同时，我们深刻认识到，仪器的设计和研发者能够最早获得仪器常见故障的数据，总结出解决故障的有效方法。因此，从仪器研发者的角度设计相应的调试诊断系统并形成科学的调试诊断策略，会给后续的仪器组装和维修过程提供很大的便利。

3. 调试诊断系统的故障诊断应用总结

通过系统、短节、电路板和元器件这 4 个级别的调试诊断接口，再加上设计的调试诊断工艺，调试诊断系统能够进行不同级别和不同对象的故障诊断，如表 7-7 所示。该系统在提高故障诊断科学性和现场化的同时，大大提高了故障诊断的效率。

表 7-7 调试诊断系统能够诊断的故障总结

故障位置	故障内容
主控短节	（1）CAN、RS485、SSB 等总线接口异常； （2）低压电源（±6V，15V）转换模块异常； （3）主控制器系统异常
接收短节	（1）采集控制节点及与主控短节通信异常； （2）各采集通道的模拟通道板增益控制、通频带特性异常
发射短节	（1）脉冲变压器失效； （2）SSB 总线和发射控制逻辑异常； （3）单极子和偶极子换能器破裂、与外壳绝缘性变差等导致打火等故障
隔声体短节	密封、绝缘性失效

在仪器使用和维修过程中,一定要注意与温度有关的故障。这类故障往往在工房或者刚下井时(对应室温或者温度稍高时)不会出现,一旦测井深度达到一定值(对应温度升高),故障现象就开始凸显,而且故障的原因很大一部分是匹配错误引起的。比如,我们在华北的一次测井作业中,因为CAN总线的匹配电阻忘加,导致仪器刚下放到3000m深度时(温度几十度)就出现通信故障问题。又比如,2016年我们在孤古8井的一次实验后,在回放井下存储数据时发现,仪器在刚下放和快提到井口的两个过程中正常,而在二者中途测井过程中采集板的第1~4通道的数据异常,回放数据全为0。后来我们发现,第1~4通道所在的采集板上所用晶振输出端串入的20Ω电阻被错误地焊接成了20kΩ。这些与温度有关的故障都可以采用加温的办法来恢复故障现场,如果故障发生在几十度,也可以使用热吹风机构建局部加温环境。

参考文献

[1] 廖芳, 莫钊, 吴戈旻. 电子产品制作工艺与实训 [M]. 北京: 电子工业出版社, 2010.

[2] 黄纯, 费小萍, 赵辉. 电子产品工艺 [M]. 北京: 电子工业出版社, 2001.

[3] Che X H, Qiao W X, Ju X D, et al. Experimental study of the azimuthal performance of 3D acoustic transmitter stations [J]. Pet. Sci., 2016, 13: 52 – 63.

[4] 郝小龙, 鞠晓东, 卢俊强, 等. 声波测井存储模块的快速检测系统和补偿方法 [J]. 应用声学, 2019, 5: 782 – 787.

[5] Hao X L, Ju X D, Lu J Q, et al. Intelligent fault-diagnosis system for acoustic logging tool based on multi-technology fusion [J]. sensors, 2019, 19: 3273.